全国水利行业"十三五"规划教材
"十四五"时期水利类专业重点建设教材

现代水利施工技术

主　编　李玉清　姜国辉

中国水利水电出版社
www.waterpub.com.cn
·北京·

内 容 提 要

本教材是在总结近十几年来水利行业施工领域采用的新技术基础上，结合水利行业近年来出台的新的施工技术规范、导则，以先进、实用为目标进行编写的。

本教材以现代水利工程筑坝技术、基础处理技术、隧洞施工技术的基本理论知识为核心，以应用为主线，重点突出了水利行业施工新技术理论的介绍。全书共分7章，从清水混凝土施工技术、自密实混凝土施工技术、碾压混凝土筑坝技术、胶结颗粒料施工技术、沥青混凝土防渗墙施工技术、高压喷射灌浆施工技术、隧洞掘进机施工技术等方面系统阐述了水利工程施工新技术理论的内容和方法。

本教材可作为高等院校水利类专业的本科生和研究生教学参考书，也可供水利类专业科研、教学及工程技术人员学习和参考。

图书在版编目（CIP）数据

现代水利施工技术 / 李玉清，姜国辉主编. -- 北京：中国水利水电出版社, 2025.5. -- （全国水利行业"十三五"规划教材）（"十四五"时期水利类专业重点建设教材）. -- ISBN 978-7-5226-1366-6

Ⅰ. TV5

中国国家版本馆CIP数据核字第20256AJ527号

书　　名	全国水利行业"十三五"规划教材 "十四五"时期水利类专业重点建设教材 **现代水利施工技术** XIANDAI SHUILI SHIGONG JISHU
作　　者	主编　李玉清　姜国辉
出版发行	中国水利水电出版社 （北京市海淀区玉渊潭南路1号D座　100038） 网址：www.waterpub.com.cn E-mail: sales@mwr.gov.cn 电话：（010）68545888（营销中心）
经　　售	北京科水图书销售有限公司 电话：（010）68545874、63202643 全国各地新华书店和相关出版物销售网点
排　　版	中国水利水电出版社微机排版中心
印　　刷	天津嘉恒印务有限公司
规　　格	184mm×260mm　16开本　10.5印张　256千字
版　　次	2025年5月第1版　2025年5月第1次印刷
印　　数	0001—2000册
定　　价	**35.00元**

凡购买我社图书，如有缺页、倒页、脱页的，本社营销中心负责调换

版权所有·侵权必究

编委会名单

主　编　李玉清　姜国辉

副主编　马天骁　王艳艳　王永明　武　敏　姜森严

参　编　余长洪　饶　奇　李　雷　蒋春宇　王　琦
　　　　田世福　谷成麟

主　审　杜志达

前 言

进入 21 世纪以来，我国水利工程施工在筑坝技术、地基处理技术、隧洞掘进技术等方面取得了举世瞩目的成就，为了反映水利工程施工学科的新成就、新动态和新发展，我们编写了《现代水利施工技术》教材。本教材是常规水利工程施工教材的一个补充，重点介绍清水混凝土施工技术、碾压混凝土施工技术、沥青混凝土防渗墙施工技术、胶结颗粒料施工技术、高压喷射灌浆施工技术、隧洞掘进机施工技术等，以适应研究生培养和水利施工技术人员系统掌握水利工程施工新技术理论的内容和方法。

全书共分 7 章，包括清水混凝土施工技术、自密实混凝土施工技术、碾压混凝土施工技术、胶结颗粒料施工技术、沥青混凝土防渗墙施工技术、高压喷射灌浆施工技术、隧洞掘进机施工技术等。本教材的编写分工是：第一章由沈阳农业大学李玉清和辽宁合悦土木工程有限公司王琦编写；第二章由沈阳农业大学姜国辉和沈阳市文林水土工程设计有限公司饶奇编写；第三章由山东农业大学王艳艳和沈阳市文林土木工程设计有限公司姜森严编写；第四章由黑龙江大学王永明和沈阳市文林水土工程设计有限公司蒋春宇编写；第五章由沈阳农业大学武敏和辽宁合悦土木工程有限公司谷成麟编写；第六章由沈阳农业大学马天骁和辽宁合悦土木工程有限公司田世福编写；第七章由华南农业大学余长洪和辽宁合悦土木工程有限公司李雷编写。全书由沈阳农业大学李玉清、姜国辉主编、统稿，由大连理工大学杜志达教授主审。

本教材的编写融会了编者多年的施工实践和教学经验，同时还参考了许多专家学者的论著，谨向他们表示衷心感谢。

由于编者的学术见识有限，书中难免存在缺点和错误，在使用过程中敬请给予批评和指正。

编　者

2024 年 10 月

目 录

前言

第一章 清水混凝土施工技术 ······ 1
- 第一节 清水混凝土的历史与发展 ······ 1
- 第二节 水工清水混凝土模板与钢筋工程 ······ 8
- 第三节 水工清水混凝土工程 ······ 13
- 第四节 清水混凝土表面透明保护喷涂 ······ 16

第二章 自密实混凝土施工技术 ······ 19
- 第一节 自密实混凝土概述 ······ 19
- 第二节 自密实混凝土原材料 ······ 21
- 第三节 自密实混凝土性能 ······ 22
- 第四节 混凝土配合比设计 ······ 24
- 第五节 混凝土制备与运输 ······ 26
- 第六节 自密实混凝土施工 ······ 28

第三章 碾压混凝土筑坝技术 ······ 30
- 第一节 碾压混凝土筑坝技术发展概况 ······ 30
- 第二节 碾压混凝土原材料 ······ 32
- 第三节 碾压混凝土的配合比设计 ······ 33
- 第四节 碾压混凝土施工 ······ 42

第四章 胶结颗粒料施工技术 ······ 48
- 第一节 胶结颗粒料概述 ······ 48
- 第二节 胶结颗粒料品质要求 ······ 50
- 第三节 胶结颗粒料配合比设计 ······ 50
- 第四节 胶结颗粒料施工 ······ 53

第五章 沥青混凝土防渗墙施工技术 ······ 58
- 第一节 沥青混凝土概述 ······ 58
- 第二节 沥青混凝土原材料 ······ 60
- 第三节 沥青混凝土防渗心墙配合比设计 ······ 66

第四节　沥青混凝土防渗墙施工 …………………………………………… 70
第六章　高压喷射灌浆施工技术 …………………………………………………… 86
　　第一节　高压喷射灌浆法概述 …………………………………………………… 86
　　第二节　高压喷射灌浆基本原理 ………………………………………………… 89
　　第三节　高压喷射灌浆试验 …………………………………………………… 115
　　第四节　高喷灌浆施工 ………………………………………………………… 121
第七章　隧洞掘进机施工技术 ……………………………………………………… 139
　　第一节　隧洞掘进机施工概述 ………………………………………………… 139
　　第二节　全断面掘进机施工技术 ……………………………………………… 141
　　第三节　盾构机施工技术 ……………………………………………………… 151

参考文献 ……………………………………………………………………………… 159

第一章 清水混凝土施工技术

第一节 清水混凝土的历史与发展

一、水泥起源

混凝土一词源于拉丁文术语"concretus",其意思是共同生存。"水泥"是一般术语,亦适用于所有胶结材料,例如铝酸盐水泥、硫铝酸盐水泥、环氧树脂混凝土等。

1796年,英国的杰姆斯·帕克(James Parker),用含有黏土的不纯石灰石球,烧制成天然水硬性胶结材料。

1813年,法国的维卡(Vicat),用石灰和黏土的合成物,经煅烧制成了人造水硬性胶结材料。他还发明了沿用至今的维卡针,用以测定水泥的凝结时间。

1824年,英国利兹的一位施工人员约瑟夫·阿斯普丁(Joseph Aspdin)提出"波特兰"水泥的一个专利。它是将某些磨细(粉状或弄碎成糊状)的石灰石,掺入分别磨细的黏土,再将混合物在窑内煅烧至CO_2被分解逸出,最后将烧成物磨细制成水泥应用。因为硬化后的水泥酷似英国波特兰石场天然建筑石料,故而命名为波特兰水泥。尽管阿斯普丁在进行煅烧时并未达到起码的烧结温度[1845年,伊沙·约翰逊(Isaac Johnson)提出的900~1000℃],其水泥未必是真正意义上的波特兰水泥,但因为在市场上取得了很大的成功,阿斯普丁被后人确定为水泥的发明人。

最初波特兰水泥是用立窑生产,1886年开始用回转窑生产,1909年美国托马斯·爱迪生(Thomas Edison)发布一系列回转窑专利。1836年德国首先进行了水泥的抗拉和抗压强度试验。1900年,水泥的基本试验大部分标准化。我国1889年开始创建水泥工业,生产"大古"牌水泥。

二、混凝土的技术变革

自从1824年波特兰水泥获得专利之后,各种水泥混凝土陆续问世。到2000年共发生四次变革。

(一)第一次变革——理论基础时代

1850年,法国郎波特(Kambot)用钢筋网造了一条小型水泥船,标志着钢筋混凝土(RC)时代的开始,也是RC预制工业的萌芽。

1887年,英国M·科伦(M. Koenen)首次发明了RC结构计算方法。

1918年,美国D.A·艾布拉姆斯(D.A·Abrams)建立了水灰比(W/C)强度公式,指出当混凝土充分密实时,其强度与W/C成反比。

1930年,瑞士的鲍罗米(Belomey)根据大量试验数据,应用数理统计方法,纳入水泥强度因素后,提出了混凝土强度与水泥实际强度及W/C之间的关系;确认了混凝土强度取决于水泥石性能,而水泥石性能又取决于自身的孔隙率。

因为鲍罗米公式中没有考虑水泥的物理化学性质、水泥水化程度、水化时温度、含气量变化及泌水形成的裂缝等因素，后来鲍尔斯（Powers）又确立了混凝土强度增长与胶空比的关系，胶空比是已水化的水泥浆体积和毛细孔体积之和的比值。进一步反映了混凝土强度与毛细孔隙的关系。可见减少空隙率，增加胶空比，能够提高混凝土强度。

（二）第二次变革——预应力和干硬性混凝土时代

1928年，法国E.弗列辛涅（E. Freyssinet）提出了混凝土收缩和徐变理论，采用了高强钢丝并研制了锚具，为预应力技术在混凝土中的应用奠定了基础。预应力混凝土系从外部对混凝土改性，因为依靠机械张拉钢筋，故称为机械预应力混凝土。20年后，苏联依靠膨胀混凝土在硬化过程中产生膨胀能，通过与钢筋的黏结力和末端锚固张拉钢筋而产生预应力，称之为化学顶应力混凝土。

1934年，美国发明了振动器。从此高标号（强度）混凝土飞速发展。苏联根据W/C理论开发了干硬性混凝土，并研制了许多高效重型设备。

1940年，日本古田德次郎配制了水灰比小于0.22的混凝土，经加压与振动处理又施高温养护，获得了28d抗压强度大于100MPa的成果。但后来逐步认识到，配制大于50MPa干硬性混凝土十分困难，并很不经济。

（三）第三次变革——干硬性混凝土向流动性混凝土转变时代

1937年，美国E.W·斯克里彻取得了用亚硫酸盐纸浆废液改善混凝土和易性、提高强度和耐久性的专利，拉开了现代外加剂之幕。

1913年，美国柯尼尔·开（Comell Kee）设计出曲轴机构传动的立式缸混凝土泵，并取得专利。1927年，德国弗得茨·海尔（Fritz Hell）设计出同类型混凝土泵，并第一次获得成功的应用。1932年，荷兰库依曼将立式缸改为卧式缸，制造了库依曼型混凝土泵。

1936年，保尔（Bell）提出了混凝土可泵性问题。随后格莱（Gray）和波波维茨等人对混凝土可泵性作了不同的解释。现在流行的是按宾汉姆流体特征表达。我国学者简言："可泵性实则就是拌合料在泵压下管道中移动摩擦阻力和弯头阻力之和的倒数。"阻力越小可泵性越好。通俗讲，可泵性指拌合物在泵送过程，不离析、黏塑性好、摩擦力小、不堵塞、能顺利沿管道输送的性能。

1962年，日本服部健一等将萘磺酸甲醛高缩合物（聚合度$n \approx 10$核体）用于混凝土分散剂，1964年花王石碱公司作为商品出售，名为"麦地"（MT-150）高效减水剂。几乎与此同时（1963年），前联邦德国研制成功三聚氰胺磺酸盐甲醛缩聚物、多环氧树脂（NO89）。上述减水剂减水率高达20%～30%。前联邦德国首先用三聚氰胺"美尔门脱（Melment）"研制成功坍落度18～22cm的流态混凝土，标示了流动性混凝土时代的开始。

我国前华北窑业公司于1948年引进美国文沙引气剂样品，1949年研制成功以松香热聚物为主要成分的引气剂，产品名为长城牌引气剂，在天津新港应用效果显著。我国20世纪50年代开始大量生产使用外加剂，主要产品有松香热聚物和松香皂类的引气剂、纸浆废液（木质素磺酸钙）、氯盐防冻剂等。1970年，国家建材院、清华大学、江西水泥制品研究所率先推出萘系和三聚氰胺系高效减水剂。20世纪70—80年代是我国发展高潮时期，高效减水剂超前于苏联5年，落后于日本10年。1999年全国拥有外加剂骨干企业

482家，总产量达123.5万t，已居世界前列。

（四）第四次变革——高强混凝土应用、高性能混凝土萌发时代

高强混凝土（HSC）是混凝土技术的高科技，高性能混凝土（HPC）是混凝土技术的前沿。

1. 高强混凝土

1918年，美国建造的陶粒钢筋混凝土载重量7000t的海船，半浸海水之中，至今100余年仍很完好。该船1929年下水、1912年搁浅于挪威海岸，历经数十年海潮和严寒考验，其混凝土强度可达75～120MPa，除有少数裂缝外，未见明显腐蚀，钢筋锈蚀亦很缓慢。可见人们很早就开始关注HSC和HPC。

HSC在不同历史阶段含义不同。20世纪30年代以前全世界采用体积配合比，强度10～30MPa。第二次世界大战后各国不断提高强度25～40MPa。我国50年代HSC强度提升为35MPa，60年代为40～50MPa，70年代为60MPa。时下采用现代技术配制的HSC强度早已超过了结构设计所采用的强度。例如使用优质天然骨料能够生产强度230MPa的混凝土，使用优质陶瓷骨料可以得到强度460MPa的混凝土，使用轻骨料甚至可配制强度大于100MPa的轻质混凝土。

美国混凝土学会（ACI）和国际预应力混凝土联合会（FIP）与欧洲混凝土委员会（CEB）1990年、1992年公布报告都将HSC的强度界定为不小于41MPa，且不包括应用特种材料和技术制备的混凝土。其理由是超过40MPa后混凝土性能与生产工艺都会开始变化。一些国家的标准和规范，均是在抗压强度40MPa试验基础上制定的，HSC的强度低限，将随着研究工作的不断深化而逐步提高。目前抗压强度不小于50MPa或60MPa，通常被认为是HSC。

HSC的技术发展走过三个阶段。没有减水剂前，靠低W/C、振动加压、利用高温养护制备为第一阶段；以高效减水剂为主开创了HSC发展的第二阶段；采用矿物质细粉料和高效减水剂双掺，以普通工艺制备为第三阶段。现在HSC技术有以下4个档次：

设计强度（按新标准，下同）为60MPa，采用目前市售材料和标准可以生产与施工；

设计强度为80MPa，市售材料和标准尚有怀疑，仅以预拌商品混凝土中试点应用；

设计强度为100～120MPa，市售材料已不适宜，技术标准也要重新制订，处于试验室配制阶段；

设计强度为140～150MPa，必须开发新材料，处于攻关研究阶段。

HSC的技术经济效果十分明显。国内外经验表明，用60MPa代替30～40MPa，减少40％混凝土、39％钢材用量，降低工程造价20％～35％。当强度由40MPa提高到80MPa，其构筑物体积、自重均缩减30％。

众所周知，混凝土属脆性材料，强度越高，脆性越突出。其抗拉强度不与抗压强度同步成比例增长。研究微观结构，强度达到一定值的HSC为共价键，破坏时突然崩裂，并伴有巨响，要通过掺入纤维或高分子材料等途径改善解决。

HSC在工程上应用始于20世纪60—70年代。1967年，美国芝加哥建成最早应用HSC的高层建筑LakePoint塔楼，70层总高197m，底桩使用C65混凝土。同时期还有用C70混凝土修建核电站的报道。1968年，日本旭化成工业株式会社通过离心法成型生产抗

压强度 80MPa 的高强钢筋砂浆桩。1970 年，小野田水泥公司和日本混凝土工业公司开发了 90MPa 桩用混凝土，86m 跨公路桥用了 C70 混凝土。1973 年，挪威建成北海油田直径 27m、深 70m、面积 4047m^2 的钻井平台。

我国 HSC 的应用主要有三个方面：①地标性高层建筑核心筒剪力墙或钢管柱结构；②用于煤矿的深井壁结构；③军工防护等特殊结构。我国 HSC 现浇最早的是 1988 年在沈阳建成的 18 层 62m 高的辽宁省工业技术馆，12 层以下柱子用了 C60 混凝土。1990 年，广州 68 层国际大厦，在 200m 高的顶部直升机坪中用了掺粉煤灰的 C60 混凝土；北京西客站、电教中心、联合广场分别用了 C60～C80 混凝土。北京财税大楼设计采用 C110 混凝土，实际强度达到 124～131MPa。1999 年统计，我国已建成超过 150m 的超高层建筑有 100 多栋，其中一批使用了 C60 泵送混凝土；近几年在民用建筑中 C80 混凝土应用最为广泛。

2. 高性能混凝土

高性能混凝土 HPC 是 high performance concrete 的缩写。1968 年以来日本、美国、加拿大、法国、德国等国家投入大量财力、人力和物力致力于开发和研究，并用于一些重要工程。1990 年，美国国家标准与技术研究院（NIST）和 ACI201 委员会将其定名为"HPC"。我国译为"高性能混凝土"。1991 年初上海建筑构件研究所译出"加强高性能混凝土的研究"一文，为上海市的 HPC 事业拉开了序幕。HPC 原定义是能抵抗气候侵蚀、化学腐蚀以及其他方面的劣化作用的混凝土。美国学者认为：HPC 是一种易于浇筑、捣实、不离析，能长期保持高强度、高韧性和体积稳定性，在严酷条件下寿命很长的混凝土。ACI 认为 HPC 并不需要很高的抗压强度，但仍要大于 50MPa。日本学者认为：HPC 是一种高填充能力的混凝土，不需振捣就能完成浇筑，水化、硬化早期阶段水化热低、干缩小，具有足够的强度和耐久性。加拿大学者认为：HPC 是一种具有高弹性模量、高密度、抗侵蚀、低渗透的混凝土。可见美国学者侧重于硬化后的性能，特别是耐久性。日本学者则重视新拌混凝土的流动性和自密实性。我国学者及行业专家（综合了诸国学说）认为：高性能应体现在工程设计（力学概念）和施工要求（非力学概念）及使用寿命（经济学概念）综合的优异技术、经济特性上。其技术特性是高密实性，具体体现在高抗渗性，杜绝水分及有害离子侵入是耐久性的关键性能。研究表明，采用氯离子渗透试验（AASHTO227），混凝土 6h 渗透值不大于 500 库仑，可以下结论为不渗透。

三、清水混凝土技术国内外发展的现状及趋势

（一）清水混凝土的概念

根据中华人民共和国电力行业标准《水电水利清水混凝土施工规范》（DL/T 5306—2013），清水混凝土（fair-faced concrete）是直接利用混凝土成型后的自然质感作为饰面效果的混凝土。清水混凝土按饰面效果可以分为三类：普通清水混凝土，精致清水混凝土，饰面清水混凝土。

普通清水混凝土（standard fair-faced concrete），表面平整、光洁、颜色均匀、无明显色差，对饰面效果无特殊要求的清水混凝土。

精致清水混凝土（finished fair-faced concrete），表面颜色基本一致，由有规律的螺栓孔眼、明缝、蝉缝、假眼等组合形成的、以自然质感为饰面效果的清水混凝土。

饰面清水混凝土（decorative fair-faced concrete），利用混凝土拓印特性或采用镶嵌装饰片、掺加颜色添加剂等工艺，使其表面具有装饰性的纹理质感、线条、图案或彩色的清水混凝土。

清水混凝土相关常用术语主要有以下几个：

蝉缝（panel joint）：有规则的模板拼缝在混凝土表面留下的痕迹。

明缝（visible joint）：凹入混凝土表面的分格线或装饰线。

螺栓孔眼（hole of split bolt）：利用模板工程中的拉筋螺栓，在混凝土表面形成的有规则的孔眼。

堵头（bulkhead）：为在混凝土拆模后的表面形成统一装饰效果的孔眼，安装在模板的内侧、拉筋螺栓端头的配件。

假眼（artificial eyelet）：在没有模板拉筋螺栓的位置设置堵头而形成的外观尺寸和饰面效果与螺栓孔眼一致的孔眼。

衬模（sheathing mould）：设置在模板内表面，用于形成混凝土表面装饰图案的内衬板。

装饰图案（facing pattern）：混凝土成型后表面形成的凹凸线条或花纹。

装饰片（facing sheet）：镶嵌在混凝土表面的装饰物。

（二）清水混凝土的特点

清水混凝土是混凝土材料中最高级的表达形式，它显示的是一种最本质的美感，体现的是"素面朝天"的品位。清水混凝土具有朴实无华、自然沉稳的外观韵味，与生俱来的厚重与清雅是一些现代建筑材料无法效仿和媲美。材料本身所拥有的柔软感、刚硬感、温暖感、冷漠感不仅对人的感官及精神产生影响，而且可以表达出建筑情感。因此建筑师们认为，这是一种高贵的朴素，看似简单，其实比金碧辉煌更具艺术效果。

（三）清水混凝土的发展历程

1. 国外清水混凝土的发展历程

清水混凝土产生于20世纪20年代，随着混凝土广泛应用于建筑施工领域，建筑师们逐渐把目光从混凝土作为一种结构材料转移到材料本身所拥有的质感上，开始用混凝土与生俱来的装饰性特征来表达建筑传递出的情感。此时清水混凝土的建筑多为国际主义风格。最为著名的是路易·康（Louis Kahn）设计的耶鲁大学英国艺术馆、美国设计师埃罗·沙里宁（Eero Saarinen）设计的纽约肯尼迪国际机场环球航空大楼、华盛顿达拉斯国际机场候机大楼等。到20世纪60年代，越来越多的清水混凝土出现在欧洲、北美洲等发达国家。到了80年代，一批新起的建筑师延续了国际主义风格，强调高技术、强调建筑结构的科学技术含量，形成了"高技派"，代表人物有理查德·罗杰斯、诺曼·福斯特等，典型作品如香港汇丰银行。

在亚洲，日本最先走到了建筑前列。第二次世界大战以后，百废待兴，部分混凝土建筑省掉了抹灰、装饰的工序而直接使用，发展到今天，日本的清水混凝土技术已经得到了很大的发展。在混凝土应用上，日本改变了以前的不加以修饰的水泥表面手法，利用现代的外墙修补技术，将水泥墙面拆掉模板后进行处理，使水泥表面达到非常精致的水平，同时又充分展现出水泥本身特有的原始和朴素的一面。一种被认为更接近于东方禅学的思想，被以有"清水混凝土诗人"之称的安藤忠雄为代表的日本建筑师融入在其设计中，充分体现了东方文化色彩。

2. 我国清水混凝土的发展历程

在我国，清水混凝土是随着混凝土结构的发展不断发展的。20世纪70年代，在内浇外挂体系的施工中，清水混凝土主要应用在预制混凝土板墙中。后来，由于人们将外装饰的目光都投诸于面砖和玻璃幕墙中，清水混凝土的应用和实践几乎处于停滞状态。直至1997年，北京市设立了"结构长城杯工程奖"，来推动清水混凝土技术的发展。此时，国内越来越多的建筑师们开始认识到清水混凝土的优点，并致力于该施工技术的研究，使其获得了重新的发展和进步，并广泛地应用于市政工程、工业与民用建筑等领域。很多国内外知名的建筑都采用了清水混凝土施工技术，比如首都机场、上海浦东国际机场航站楼、上海国际赛车场看台、东方明珠广播电视塔、海南三亚机场、杨浦大桥等。

进入21世纪，国家越来越提倡绿色建筑这一概念，随着绿色建筑的客观需求，人们环保意识的不断提高，返璞归真的自然思想深入人心，我国清水混凝土工程的需求已不再局限于道路桥梁、厂房和机场，在工业与民用建筑中也得到了一定的应用。由中建一局二公司作为总承包商建设的联想研发基地，被建设部科技司列为"中国首座大面积清水混凝土建筑工程"，标志着我国清水混凝土已发展到了一个新的阶段，是我国清水混凝土发展历史上的一座重要里程碑。

总体来看，我国清水混凝土发展过程可概括为原始清水混凝土、清水混凝土、镜面清水混凝土和彩色清水混凝土4个阶段。当前，原始清水混凝土已成为历史；清水混凝土和镜面清水混凝土工艺正被广泛应用；而彩色清水混凝土正处于探索、研发阶段，前三个阶段中每次模板革新都是导致清水混凝土技术革命的关键；而彩色清水混凝土技术研发的关键在于颜料、白水泥以及配合比设计等方面，以下按这4个阶段详细介绍。

(1) 原始清水混凝土阶段。清水混凝土技术最早应用于桥梁、水利工程以及工业建筑中的构筑物，其观感质量标准要求较低，主要要求无蜂窝、麻面和漏筋等质量缺陷。其模板采用小钢模和钢框竹胶模板。随着经济飞速发展和质量标准提高，促进了新型模板技术发展，形成了工具式、组合式和永久式模板三大体系，组合式模板的最大规格也增大到2400mm×1200mm，1995年和1999年颁布了《钢框胶合板模板技术规程》（GBJ 96—95)、《钢框竹胶合板模板技术规程》（GB/T 3059—1999)和《竹胶合板模板技术规程》（GB/T 3026—95)，这一系列标准颁布实施，增大了单块模板面积，减少了模板拼缝，提高了模板强度和刚度，使混凝土表面质量有了较大提高，虽然在工业和民用建筑工程中多需再抹灰，但极大降低了抹灰层厚度。

(2) 清水混凝土阶段。1995年后，随着一系列模板标准的颁布出台以及专业模板公司的出现，清水混凝土技术发展进入了一个崭新的阶段，模板的选用使清水混凝土质量达到了不抹灰直接涂面漆的效果。对于民用工程，根据结构类型不同选用相应模板体系，剪力墙、柱子多选用大钢模和质量较好的胶合板，特点是：采用大钢模，剪力墙、柱的每面为一块模板，清水混凝土观感及表面平整度极佳，基本上达到了高级抹灰标准，但一次投入大，并受工程类型和图纸尺寸的限制，周转率低，往往需二次改造，经济效果极差。竹（木）胶合板一次投入小、周转率高、切割加工方便，所以在柱中被广泛应用；梁板的模板体系多选用支撑＋早拆头＋方木＋（木）胶合板方案，支拆方便、快捷，经济效果较好，均达到了不抹灰的效果。目前模板方案的确定已由专业模板公司参与，专业模板公司是具有科研、设计、生产、经营等综合功能的模板企业，有着拳头产品和特有的模板工法，使清水混凝土技术在民用工程中应用得到了长足的发展。工业及桥梁等方面清水混凝土技术发展也极为迅速，但多为各施工企业根据自己所承建项目的特点自行开发、研制。

（3）镜面混凝土阶段。2000年前后，清水混凝土技术已日趋成熟，被业界认可和青睐，许多业主在招标文件和合同中明确要求达到清水混凝土的标准，并明确了在本工程中的质量标准。"镜面清水混凝土"是清水混凝土发展的新阶段，其标准是混凝土观感质量在光泽和平整等指标达到如"镜面"的效果，并更加注重细部和整体艺术效果。其主要适用于工业建筑中不做饰面的工程，主要的模板工艺是采用优质的竹（木）胶合板表面粘贴PVC板技术，其每一构件每个面的模板无拼缝，阳角为倒圆或八字角，艺术效果极佳。

（4）彩色混凝土阶段。彩色混凝土是未来清水混凝土发展的趋势，采用特殊的材料、模板、浇筑及养护工艺施工而成，达到特殊的整体建筑美学外观，外观图案及造型应包括镜面、木纹及条纹效果等。其工艺特点是模板、浇注及养护采用目前的镜面混凝土工艺即可满足要求，但关键是适用于柱、梁板等受力构件的彩色清水混凝土材料的选择，颜料应有色度、纯度、亮度和耐碱性等指标；而为胶结材料的白水泥涉及了结构的强度和耐久性等结构安全问题，因此应自行开发研制性能优良的颜料和胶结材料，在取得可靠数据的基础上制定彩色清水混凝土的设计和施工标准，以便在大范围进行推广与应用。

（四）清水混凝土施工中存在的问题

（1）整体饰面效果差。表现在各种埋件的漏设计、漏埋，造成二次剔凿；设计师与施工单位配合不好；施工前没有进行饰面效果设计，结果达不到预期目标。

（2）清水构件的细部不够美观和精细，如层间过渡缝、阳角线条、滴水线、门窗套和电梯井筒等部位，主要原因是施工单位不够重视、细部模板设计不合理，致使清水混凝土质量不够完美、精细，严重者可能造成重新抹灰，得不偿失、劳民伤财。

（3）模板的专业化发展不够。当前，与清水混凝土相适应的新型模板技术的开发、研制力度不够，从某种程度上束缚了清水混凝土技术的进一步发展，反映在模板工程方案、体系、配置、投入量和支、拆等不够科学、合理和完善。

（4）清水混凝土表面龟裂问题。清水混凝土刚拆模时光滑、光洁、美观、颜色均匀、色泽一致，但暴露于空气中后，由于混凝土保护层偏小、主、箍筋过密以及泵送混凝土坍落度过大等，致使构件实体的保护层部分多为砂浆，石子严重偏少，导致混凝土表层强度极低，在温度、干缩等综合外因下，极易产生大面积龟裂。

（五）发展清水混凝土的意义

清水混凝土是名副其实的绿色混凝土：混凝土结构不需要装饰，舍去了涂料、饰面等化工产品；有利于环保，清水混凝土结构一次成型，不剔凿修补、不抹灰，减少了大量建筑垃圾，有利于保护环境；消除了诸多质量通病，清水装饰混凝土避免了抹灰开裂、空鼓甚至脱落的质量隐患，减轻了结构施工的漏浆、楼板裂缝等质量通病；促使工程建设的质量管理进一步提升，清水混凝土的施工，不可能有剔凿修补的空间，每一道工序都至关重要，迫使施工单位加强施工过程的控制，使结构施工的质量管理工作得到全面提升；降低工程总造价，清水混凝土的施工需要投入大量的人力物力，势必会延长工期，但因其最终不用抹灰、吊顶、装饰面层，从而减少了维修保养费用，最终降低了工程总造价。

当前，一般饰面清水混凝土、镜面清水混凝土技术已日趋成熟和被人们所掌握。专业模板公司的大量涌现，现浇清水混凝土结构模板等实用新型专利技术的产生，极大地促进和提高了清水混凝土的质量。随着社会进步，人们精神文明和审美观念的进一步提高，带有图案及造型的彩色清水混凝土跃入人们的视野，彩色清水混凝土是一种全新理念的混凝土，涉及颜料、白水泥等关键材料的研发，彩色清水混凝土的强度、耐久性等应通过试验获得相应经验和数据。设计师的关注、社会的青睐以及彩色清水混凝土的设计和施工标准的编制是解决彩色清水混凝土推广、应用的核心问题，同时还要结合工程的功能需要及所在地区域条件，当然更需要政府部门以及开发商的大力支持。彩色清水混凝土在满足构件承载力的同时，其渲染夺目的颜色、图案和造型达到了高级装饰效果，其显著的经济与社会特性，在降低工程造价、缩短施工工期、提高结构安全、减少能源消耗、保护环境等方面具有重要和深远的社会意义，符合时代和科学技术发展的潮流，相信，集"建筑艺术、材料科学、施工技术、环境保护"于一体的彩色清水混凝土会具有更广阔的应用空间和发展前景。

第二节　水工清水混凝土模板与钢筋工程

一、模板工程

（一）模板设计

（1）模板结构设计除应符合《水电水利工程模板施工规范》（DL/T 5110）的规定外，还应符合下列规定。

1）模板应满足清水混凝土质量要求，所选择的模板应技术先进、结构可靠、构造简单、支拆方便、经济合理。

2）对结构表面外露的模板，在验算模板刚度时，其最大变形值不得超过模板构件计算跨度的 1/500。

3）对于大体积混凝土不能采用对拉筋固定的模板时，应对模板进行刚度变形复核。

4）除悬臂模板外，竖向模板和内倾模板都必须设置内部撑杆和外部拉杆，并进行模板稳定验算。

5）模板宜高出仓位浇筑高度 100mm。

（2）清水混凝土模板应选用大型整体模板，其分块设计应满足清水混凝土饰面效果的设计要求。当设计无具体要求时，应符合下列规定：

1）模板分块宜以结构物轴线或孔洞中线为对称线，模板上下接缝处宜设明缝。

2）明缝宜设置在施工缝或楼层标高、梁底标高、轮廓变化位置或其他分格线位置。

（3）模板拼缝应满足设计清水混凝土饰面效果要求，当设计无具体要求时，应符合下列规定。

1）单块模板的面板分割不宜双向布置，最小分割宽度应大于 600mm。

2) 明缝、蝉缝在同一空间内交圈应平整,模板横缝应从底部开始向上均匀布置,余数宜放在顶部。

3) 水平结构模板拼缝应均匀对称布置,弧形或非直线平面模板拼缝宜沿径向辐射均匀布置。

(4) 模板面板及其附件应符合下列规定。

1) 模板面板材料应采用强度高、韧性好、具有足够刚度的板材,宜选用钢材、木胶合板、塑料等,不宜选用竹胶合板。

2) 全钢模板的面板厚度不宜小于 4mm,表面平整、光洁。

3) 模板龙骨应顺直、规格一致、紧贴面板、连接牢固,具有足够的刚度。

4) 模板拉筋位置应符合设计要求,其最小直径应满足模板受力要求;拉筋螺栓孔眼的排布应纵横对称、间距均匀,距孔洞口边不小于 150mm。

5) 拉筋螺栓套管及堵头应根据模板拉筋的直径进行确定,可选用塑料、橡胶、尼龙等材料。

6) 模板明缝条截面形式根据设计图纸或工程具体情况确定,宜采用梯形、圆角方形、三角形,深度不宜大于 25mm。明缝条可选用钢材、铝合金、硬木等材料。

(5) 饰面清水混凝土模板应符合下列规定。

1) 采用胶合板面板模板时在阴角部位宜设置角模;在阳角部位不宜设置角模,接缝处设置密封条。

2) 采用全钢模板时阴阳角部位均应设置角模,转角处宜做倒角处理。

3) 模板面板接缝应严密,钉眼、焊缝等部位的处理应满足混凝土饰面效果。

4) 堵头和假眼均应按饰面效果设计布置,假眼应采用同直径的堵头或锥形接头固定在模板面板上。

5) 角模与两侧模板之间形成的蝉缝,脱模后应与其他蝉缝效果相同。

(6) 装饰清水混凝土模板应符合下列规定。

1) 内衬模板面板分割应保证装饰图案的连续性、可操作性。

2) 内衬模板面板材料宜选用钢材、玻璃钢、硬质塑料,其表面特性和强度应满足装饰效果。

3) 明缝和蝉缝设置应与装饰图案相协调,满足装饰清水混凝土的饰面效果。

(二) 模板制作

(1) 模板制作加工时,应控制模板的支撑系统精度及面板拼缝精度、平整度、平直度等指标。模板制作的允许偏差应符合表 1-1 的规定。

表 1-1　　　　　清水混凝土模板制作尺寸允许偏差

偏差项目		允许偏差/mm	
		普通清水混凝土	饰面清水混凝土
木模板	小型模板：长、宽	±2	
	大型模板（长、宽大于 3mm）：长、宽	±3	
	模板对角线	±3	

续表

偏差项目			允许偏差/mm	
			普通清水混凝土	饰面清水混凝土
木模板	模板面板平整度（2m直尺检查）	相邻两面板高差	0.5	
		局部不平	3	
		边肋平直度	2	
	面板缝隙		1	
全钢模板、复合模板及胶木模板	大型模板（长、宽大于3mm）：长、宽		±2	±2
	模板对角线		±3	±2
	模板面板平整度（2m直尺检查）	相邻两面板高差	0.5	0
		局部不平	2	2
		边肋平直度	2	2
	面板缝隙（用塞尺检查）		0.8	0.8
	连接孔中心距（用游标卡尺检查）		±1	±1
	边框连接孔与面板距离（用游标卡尺检查）		±0.5	±0.5
	螺栓孔眼位置（用游标卡尺检查）		±1	±1

注 1. 异型模板制作允许偏差按模板设计要求执行，当设计无要求时其曲面半径允许偏差±2mm。
　　2. 表中木模板是指在面板上不敷设隔层的木模板，复合模板是指在木模板面上敷设隔层的模板。

（2）模板龙骨接头应分散布置，同一断面有接头的主龙骨数量不应超过主龙骨总数量的50%。

（3）模板拼缝处理应符合下列要求。

1）胶合板面板竖向拼缝应设在竖肋中心位置，面板边口刨平，接缝处满涂封口胶、连接紧密。

2）胶合板面板水平拼缝位置可不设置横肋，接缝处应做密封处理。

3）全钢大模板面板拼缝焊点应打磨平整，水平拼缝背面应加焊扁钢，扁钢与面板间的缝隙宜刮腻子密封。

（4）胶合板面板模板钉眼处理应符合下列规定。

1）龙骨与胶合板面板连接，宜采用木螺钉从背面固定，螺钉间排距控制在150mm×300mm以内。

2）异型模板从背面难以保证面板与龙骨有效连接时，采用正钉连接，钉头宜下沉1~2mm，铁腻子刮平并喷涂清漆。

（5）模板后期制作处理应符合下列规定。

1）加工完成后宜预拼装，对模板外形尺寸、平整度、相邻板面高差以及螺栓孔眼位置等进行复核，复核后对模板进行编号。

2）胶合板模板面板应贴塑料薄膜或其他隔膜，其他部位应作防锈处理。

3）全钢模板面板及活动部分应作防锈处理，面板防锈油脂不得影响混凝土表面颜色。其他部位应涂防锈漆。

（三）模板安装与维护

(1) 清水混凝土模板的安装与维护应符合《水电水利工程模板施工规范》（DL/T 5110）的规定。

(2) 模板安装前应完成下列工作。

1) 根据模板安装图复核模板控制线，做好控制标高。

2) 检查面板是否清洁，是否涂刷脱模剂，钢面板涂刷的模板漆是否完整。

3) 检查模板及其附件的型号、数量是否满足安装要求。

4) 核对明缝、蝉缝、装饰图案的位置与设计是否相符。

(3) 应根据模板安装图按模板编号进行安装，模板之间应连接紧密。

(4) 螺栓安装位置应正确，受力应满足设计要求。

(5) 模板安装宜采用螺栓或专用卡具连接，以保证模板间接缝紧密，并应采取下列措施防止漏浆。

1) 锥套、堵头和面板间宜加橡胶垫圈并接触紧密。

2) 上下层结合处、阴阳角模连接处和模板接缝等部位宜贴高密度海绵密封条。

3) 建筑物孔洞处模板安装应在孔洞周围加设拉杆。

(6) 清水混凝土模板安装的允许偏差应根据结构物的构造尺寸、运行条件、经济和饰面效果等要求确定。

1) 大体积清水混凝土模板安装的允许偏差应符合表 1-2 的规定。

2) 大体积以外的一般现浇结构清水混凝土模板安装的允许偏差应符合表 1-3 的规定。

表 1-2　　　　大体积清水混凝土模板安装的允许偏差

偏差项目		允许偏差/mm	
		普通清水混凝土	饰面清水混凝土
模板平整度	相邻两板面错台	2	1
	局部不平（2m 直尺检查）	5	3
面板缝隙		2	1
结构物边线与设计边线	外模板	-10~0	-10~0
	内模板	0~10	0~10
结构物水平截面内部尺寸	大体积	+20	±20
	墙、柱、梁	±4	±3
承重模板标高		0~5	0~3
预留孔洞	中心线位置	5	5
	截面内部尺寸	0~6	0~4
模板垂直度	高度不大于 5m	4	3
	高度大于 5m	6	5
阴阳角方正度（方尺和塞尺检查）		3	2
预埋件、管、螺栓中心线位置		3	2

表 1-3　　　　　一般现浇结构清水混凝土模板安装的允许偏差

偏差项目		允许偏差/mm	
		普通清水混凝土	饰面清水混凝土
轴线位置		±10	±10
底模上表面标高		±4	±4
截面内部尺寸	基础	±10	±10
	墙、柱、梁	±4	±3
层高垂直度	全高≤5m	4	3
	全高>5m	6	5
相邻两板面高差		2	1
表面局部不平（用2m直尺检查）		3	2
阴阳角	方正（用方尺和塞尺检查）	3	2
	顺直（用线尺检查）	3	2
预留孔洞	中心线位置	5	5
	截面内部尺寸	0～8	0～4
预埋件、管、螺栓中心线位置		3	2
门窗洞口	中心线位置	5	5
	宽、高	±6	±4
	对角线	8	6

(7) 应采用土工织物、胶合板或木方隔离和牵引入模等措施对模板面板、边角及已成型清水混凝土表面进行保护。

(8) 大型模板吊装前宜作试吊，在辅助安装过程中应派专人负责模板面板保护，经常检查吊钩、吊点连接是否稳固。

(四) 模板拆除

(1) 清水混凝土模板拆除应符合 DL/T 5110 规定外，还应符合下列规定。

1) 应制定专门的拆模措施，加强对混凝土成品的保护。

2) 承重和边角部位适当延长拆模时间。

3) 拆除模板时不应采用重锤敲击或利用混凝土表面撬动模板。

4) 拆除大模板应先松开模板间的螺栓和拉杆，松动斜撑调节丝杆，待模板与墙体完全脱离后，按顺序起吊模板。

(2) 采用直通型穿墙螺栓、三节式螺栓或锥形螺栓内拉支撑的模板，拆除时应符合下列规定。

1) 拆除后核对螺栓孔眼和假眼的位置。

2) 直通型穿墙螺栓拆模后，应在孔中放入遇水膨胀防水胶条，采用专用模具封堵修饰。

3) 三节式螺栓和锥形螺栓形成的孔眼宜采用砂浆封堵，并用专用封孔模具修饰。

(3) 拆下的模板、支架及配件应及时清理、维修，宜采用面对面的插板式存放。存放场地应做好防雨、排水措施。

二、钢筋工程

(1) 清水混凝土钢筋工程施工应符合《水工混凝土钢筋施工规范》（DL/T 5169）的规定。

(2) 处于露天环境，且受力钢筋的最小净保护层厚度：梁、柱、墩不宜小于35mm，板、墙不宜小于25mm。

(3) 钢筋保护层垫块宜梅花形布置。钢筋保护层垫块应有足够的强度和刚度，颜色应与清水混凝土的颜色相接近。

(4) 钢筋绑扎材料宜采用无锈绑扎铅丝。每个交叉点均应绑扎牢固，扎扣及尾端应朝向构件截面内侧。

(5) 饰面清水混凝土架立钢筋的外露端头应涂刷防锈漆，并宜套上与混凝土颜色接近的护套。

(6) 饰面清水混凝土螺栓与钢筋发生冲突时，宜遵循钢筋避让对拉螺栓的原则。

第三节　水工清水混凝土工程

一、配合比设计

(1) 清水混凝土配合比设计应符合《水工混凝土配合比设计规程》（DL/T 5330）的规定。

(2) 应按照设计指标进行混凝土试配，确定混凝土表面颜色；混凝土掺加引气类外加剂时，其表面气泡对外观饰面效果的影响应做验证。

(3) 混凝土强度等级不宜低于C25，相邻构件的混凝土强度等级宜相近或一致，且相差不宜大于2个强度等级。

(4) 同一视觉范围内需采用两种级配的混凝土时，其配合比设计应保证混凝土外观颜色相统一。

(5) 清水混凝土拌合物入泵坍落度值宜为（140±20）mm；采用吊罐入仓的混凝土入罐坍落度值宜为（60±10）mm。

(6) 饰面清水混凝土原材料除应符合《水工混凝土施工规范》（DL/T 5144）的规定外，还应符合下列规定。

1) 各种原材料应有足够的储存量，同一原材料的颜色和技术参数宜一致。

2) 宜选用强度等级不低于42.5级的硅酸盐水泥、普通硅酸盐水泥。水泥宜为同一厂家、同一品种、同一强度等级。

3) 外加剂应采用同一厂家、同一规格型号，并与水泥品种相适应。

4) 所用的掺合料应来自同一厂家、同一规格型号，粉煤灰宜选用Ⅰ级。

5) 粗骨料应采用连续级配、颜色均匀、表面洁净，并应符合表1-4的规定。

6) 细骨料宜采用中砂，并应符合表1-5的规定。

表1-4 粗骨料质量要求

项　目	混凝土强度等级 ≥C50	混凝土强度等级 <C50
含泥量/%	≤0.5	≤1.0
泥块含量/%	0	0
针、片状颗粒含量/%	≤8	≤15

表1-5 粗骨料质量要求

项　目	混凝土强度等级 ≥C50	混凝土强度等级 <C50
含泥量/%	≤2.0	≤3.0
泥块含量/%	0	0

二、拌和与运输

（1）清水混凝土拌和应按确定的配合比进行配料，搅拌时间宜比普通混凝土延长20～30s。

（2）清水混凝土拌合物工作性能应稳定，无离析、泌水现象，从搅拌结束到入模不宜超过90min。宜满足90min坍落度经时损失小于30mm的要求。

（3）清水混凝土拌和宜采用强制式搅拌设备，称量准确，其拌和能力应满足混凝土施工要求。

（4）清水混凝土水平运输应保证混凝土连续均匀施工。

（5）清水混凝土应根据结构体型、施工条件、施工强度、技术要求等选择混凝土输送泵、门机、塔机、缆机等进行输送入仓。

三、混凝土浇筑

（1）清水混凝土浇筑应符合DL/T 5144的规定。

（2）混凝土浇筑时应控制浇筑层厚度，每层控制在50cm以内，混凝土自由下料高度应控制在150cm以内。

（3）混凝土振捣应符合以下规定。

1）混凝土振捣宜采用梅花形布点，振捣均匀、密实，不得漏振、欠振。

2）振点距模板边缘距离宜控制在20～30cm；在模板附近、钢筋密集处、止水及预埋件等部位应加强振捣。

3）混凝土振捣应派专人负责，并应做好振捣记录。

（4）混凝土浇筑时应保证浇筑的连续性，浇筑间歇时间严格按照表1-6所列参数进行控制，超过间歇时间应停止浇筑。

表1-6 混凝土的允许间歇时间

混凝土浇筑时的气温/℃	允许间歇时间/min 中热硅酸盐水泥、硅酸盐水泥、普通硅酸盐水泥	允许间歇时间/min 低热矿渣硅酸盐水泥、矿渣硅酸盐水泥、火山灰矿渣硅酸盐水泥
20～30	90	120
10～20	135	180
5～10	195	

（5）后续清水混凝土浇筑前，应先对靠近外露体型面50cm范围内的区域进行缝面处理，剔除松动石子或浮浆层，剔凿后缝面应清理干净。

四、混凝土养护

(1) 清水混凝土养护应符合 DL/T 5144 的规定。

1) 浇筑完毕或拆模后应及时覆盖，并采用洒水或流水养护，保持湿润状态。

2) 养护时间不宜少于 28d，对室外有饰面效果要求的部位宜适当延长养护时间。

3) 不得采用对混凝土表面有污染的养护材料。

(2) 对同一视觉范围内的清水混凝土应采用相同的养护措施。

(3) 混凝土养护用水应与混凝土拌和用水的标准一致，防止对混凝土表面产生污染。

(4) 应设置专人负责混凝土养护，并做好养护记录。

五、特殊气温条件下施工

(1) 清水混凝土特殊条件下施工应符合 DL/T 5144 的规定。

(2) 在低温条件下施工时，应符合以下规定。

1) 掺入混凝土中的防冻剂应经试验对比，混凝土表面不得产生明显色差。

2) 根据热工计算确定拌制用水和混凝土骨料的温度，混凝土水平运输和垂直运输过程中应有保温措施，混凝土入模温度不应低于 5℃。

3) 混凝土施工作业面应有防风措施。

4) 施工时混凝土表面应覆盖无污染和不影响混凝土外观颜色的阻燃保温材料。

5) 混凝土浇筑之前，应在模板背面贴保温板、挂阻燃保温材料；拆除模板后立即覆盖保温材料进行保温；根据建筑物要求，必要时拆模后先立即涂刷养护剂，随后覆盖保温材料。

6) 加强对混凝土强度增长情况的监控，做好同条件试块的留置工作和混凝土的测温工作，根据混凝土实际强度确定其拆模时间。

7) 当施工现场气温低于 −15℃时，不得浇筑清水混凝土。

8) 新浇筑混凝土其抗压强度未达到设计强度的 30% 前不得受冻。

(3) 在高温条件下施工时，应遵循以下原则。

1) 在满足混凝土各项设计指标的前提下，应采用水化热低的水泥，优化配合比设计，采取综合措施，减少混凝土的单位水泥用量。

2) 混凝土浇筑宜安排在早晚及利用阴天进行。

3) 缩短混凝土运输及等待卸料时间，入仓后及时进行平仓振捣，加快覆盖速度，缩短混凝土的暴露时间。

4) 混凝土平仓振捣后，采用隔热材料及时覆盖。

(4) 在雨季条件下施工时，应遵循以下规定。

1) 骨料堆场应有排水和防止污水污染的设施，顶部加盖防雨棚。

2) 及时了解天气预报，合理安排施工，清水混凝土不宜安排在雨天施工，禁止在中雨以上天气安排清水混凝土开仓浇筑。

3) 混凝土运输工具应有防雨及防滑措施，浇筑仓面应有防雨措施并备有不透水覆盖材料。

4) 混凝土浇筑施工中若出现降雨，应增加骨料含水率测定次数，及时调整拌和用水量，加强仓内排水和防止周围雨水流入仓内；做好新浇筑混凝土面尤其是接头部位的保护工作。

六、混凝土表面处理和成品保护

（1）清水混凝土表面处理应符合以下规定。

1) 对局部不满足外观质量要求和结构尺寸偏差要求的部位应进行处理，处理后的外观表面应无明显色差，并满足平顺及美观要求。

2) 有防水要求的混凝土，螺栓孔眼应采取具有防水功能的封堵和处理措施。

3) 装饰或保护清水混凝土表面的涂料应选用透明涂料，且应有防污染性、憎水性、防水性，同一视觉范围内的涂料及施工工艺应一致。

（2）清水混凝土成品保护应符合以下规定。

1) 清水混凝土的后续施工不得污染或损伤成品混凝土。

2) 对易磕碰的阳角部位采用多层板或塑料等硬质材料进行保护。

3) 当挂架、脚手架、吊篮等施工设备与成品清水混凝土墙面接触时，应使用垫衬保护。

4) 不得随意剔凿成品清水混凝土表面。

第四节 清水混凝土表面透明保护喷涂

一、清水混凝土表面的透明保护喷涂工艺的背景

混凝土在自然界的环境下会遭受阳光、紫外线、酸雨、油气、油污等的侵蚀和破坏，并日趋污浊，影响观瞻。当前，清水混凝土建筑作为一种建筑表现形式已形成了一种流派，更涉及上述问题，并进而影响耐久性。原始的清水混凝土表面处理常采用丙烯酸树脂及聚氨酯树脂涂料，在正常使用几年后，混凝土表面会变黄，失去了刚拆模时的色泽、亮度，严重阻碍了清水混凝土建筑的推广和应用。因此，对混凝土表面进行透明保护性喷涂，不仅能解决保护混凝土的问题，使其更加耐久，而且可以起到防止污染、保持清洁，不会因为吸水而致使颜色变深，因而清水混凝土建筑在下雨中仍能保持颜色不变。

二、清水混凝土表面透明保护喷涂及其工法的发展过程

第二次世界大战后，美国杜邦公司发明和生产了氟碳涂料——特氟珑（teflon），是当时公认的性能最好的、具有超耐久性及耐腐蚀性的高级涂料，但其缺点是必须经高温烘烤才能固化，这一缺陷极大限制了氟碳涂料的应用范围。

1980年代后期，在日本，由旭硝子涂料树脂株式会社（ACR）首次开发了常温氟碳涂料，品名为鲁米氟珑（lumiflon），并由此形成了常温氟树脂涂料bonnflon clear透明工法，但清水混凝土在外观上仍出现像雨水淋湿而发黑的情况，为解决此问题，根据市场的需求，ACR开发了与防水剂组合的bonnflon ACDRY工法，解决了涂料耐久性差、发黄、脱落、墙柱面颜色发黑的问题，充分展现了清水混凝土建筑的庄重感，表面效果好，如同未喷涂料，却可以长期有效地防止混凝土的中性化，这是目前流行的做法之一。做法之二：为防止因混凝土吸水率不同出现的颜色差别，在实际操作时，采用透明涂料中加入比混凝土自然颜色稍浅颜料（2%～10%）的方法，就形成了可消除混凝土色差的着色透明工法（color clear）。

三、清水混凝土表面的透明保护喷涂的施工

1. 分类方法

（1）按涂装的效果可分为：完全透明涂装工法（clear coating）和着色透明涂装工法（color clear coating）。

（2）按涂料材质可分为：水性氟树脂涂料（water base type）和油性氟树脂涂料（solvent type）。

2. 选材的原则

清水混凝土质量高、整体均匀、无色差、光洁如镜的基层，可选择完全透明涂装工法（clear coating），水性或油性的均可。

清水混凝土的质量一般、大体均匀、但存在色差的基层，应选择着色透明涂装工法（color clear coating），水性或油性的均可。

清水混凝土的质量一般、不理想、柱墙面不太均匀、存在较大色差的基层，应选择着色透明涂装工法（color clear coating），且必须选用油性涂料。这是因为只有油性涂料可以加入3%～10%以内的混凝土色颜料，从而才能弥补较大的缺陷和色差，达到满意效果。

清水混凝土表面处理、保护材料类型如图1-1所示。

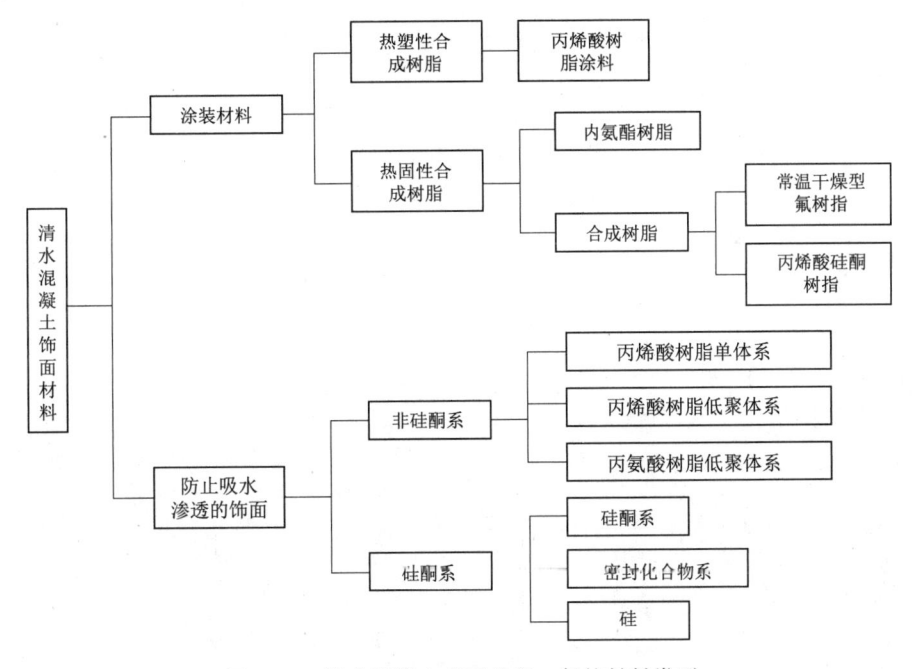

图1-1 清水混凝土表面处理、保护材料类型

3. 施工工艺要求

（1）基层处理：达到混凝土面平整，颜色大致均一，无大于5mm以上的孔洞，无大于0.5mm以上的裂缝，错模部位高度差小于3mm，无明显的修补痕迹，混凝土表面原有的机理依稀可见，颜色从整体看大致均匀。

（2）底涂：喷涂均匀，无遗漏，喷涂后混凝土表面颜色稍稍加深，通过混凝土表面防

水测试达到不渗水。

（3）中间涂层：喷涂均匀，无遗漏，喷涂后混凝土表面颜色较上个程序更为加深。

（4）透明罩面涂层：喷涂均匀，无遗漏，喷涂后混凝土表面装饰效果明显，形成稳定均匀的保护膜，整体上观察混凝土表面平整，洁净，颜色均匀，无色差，并隐约保持混凝土原有的表面机理效果，通过混凝土表面防水测试达到不渗水，用水泼到混凝土表面，颜色无任何变化，不变深，不变湿。

第二章 自密实混凝土施工技术

第一节 自密实混凝土概述

一、自密实混凝土概念

自密实混凝土（self-compacting concrete，SCC），是具有高流动性、均匀性和稳定性，浇筑时无需外力振捣，能够在自重作用下流动并充满模板空间的混凝土。

二、自密实混凝土的工作机理

新拌混凝土拌合物可以看成是粗骨料、细骨料悬浮于水泥浆中的混合体系，按流变学理论，属宾汉姆流体，其流变方程为

$$\tau = \tau_0 + \eta \frac{dv}{dt}$$

式中　τ——剪切应力；

　　　τ_0——屈服剪切应力；

　　　η——黏度系数。

在新拌混凝土的混合体系中，剪切应力主要由以下几个方面组成：粗骨料与砂浆相对流动产生的剪切应力；粗骨料由于自身重力作用而产生的剪切应力，以及粗骨料间相对移动所产生的剪切应力等。在外力作用下，当混凝土拌合物内部产生的剪切应力 $\tau \geqslant \tau_0$ 时，混凝土产生流动；混凝土屈服应力是阻碍浆体进行塑性流动的最大剪切应力，既是混凝土开始流动的前提，又是混凝土不离析的重要条件。黏度系数是指分散体系进行塑性流动时应力与剪切速率的比值，它表述了流体与平流层之间产生的与流动方向相反的黏滞阻力的大小，反映了混凝土拌合物内部阻止其流动的一种性能，其大小支配了拌合物的流动能力，它越小，在相同外力作用下流动速度越快。因此，屈服剪切应力 τ_0 和塑性黏度 η 是反映混凝土拌合物工作性的两个主要流变参数。对于自密实混凝土拌合物来说，必须具备较低的屈服剪切应力和塑性黏度，以保证其能具备高流动性，当自重作用下产生的剪切应力 τ 超过了屈服剪切应力 τ_0 时，新拌自密实混凝土的流动将会发生。

三、自密实混凝土的发展历程

自密实混凝土最早在20世纪80年代末由日本学者Okamura发明并应用，他把这种技术首先应用到水下施工条件困难的混凝土，后经进一步研究改进，于1989年在东京做了公开试验，正式揭开了自密实混凝土研究和应用的序幕。至20世纪90年代初，日本建筑协会材料施工委员会成立了高流动性混凝土分会，并于1992—1995年三年间对自密实混凝土的材料、配合比、施工、质量管理和工作性能开展了系统的研究，1997年1月制定了《高流动性混凝土材料、配合比、制作和施工指南》，大大地推进了自密实混凝土在日

本的发展。自密实混凝土的出现可以说是自混凝土出现以来发展过程中的一个重要的里程碑,是混凝土发展历程中具有革命性的一步。

自密实混凝土技术由日本迅速传播到欧洲、环太平洋及北美地区,在世界各地得到了快速的发展和广泛的应用。美国混凝土协会标准(ACI)、德国标准(DVB)、欧洲喷射混凝土协会标准(EFNARC)、欧洲材料与结构协会标准(RILREM)、挪威标准(NBP)和日本土木协会标准(JSCE)都建立了大量的自密实混凝土试验样本,对自密实混凝土的材料选择、配合比设计、工作性能评价、施工质量控制都给出了相应的建议,对规范和推动自密实混凝土的发展起到了极大的作用。自密实混凝土在日本、美国、挪威、英国、加拿大等国家广泛应用到工业民用建筑、水工、港口、军事等土木工程领域,在发达国家,自密实混凝土用量占到整个混凝土用量的30%~40%,大大推进了土木工程的建设速度和提高了混凝土的施工质量。

自密实混凝土的研究和应用在我国起步较晚,1995年以后才开始在上海、深圳、北京等发达城市有一些应用,但用量很小。经过十几年的发展,通过许多学者和工程技术人员的努力,在自密实混凝土领域已经取得了丰硕的成果,并于2006年8月中国工程建设标准化协会颁布了我国首部自密实混凝土规程,即《自密实混凝土应用技术规程》(CECS 203:2006),2012年中华人民共和国住房和城乡建设部又发布了《自密实混凝土应用技术规程》(JGJ/T 283—2012),这两部规程对自密实混凝土配合比设计、施工方法和质量控制都制定了相应的标准,为自密实混凝土在我国的研究和应用作了进一步的规范。自密实混凝土某些方面的研究在我国已经逐步接近和达到了世界先进水平。

四、自密实混凝土的优缺点

自密实混凝土有如下优点:

(1) 在自重作用下无需人工振捣便可在模板里自动均匀填充成型,大大提高了施工速度,缩短了施工周期。

(2) 不需要人工振捣成型,节省了施工劳动力和施工机械,在提高了劳动生产率的同时,大大减少了施工费用。

(3) 具有非常良好的流动性、填充性和适当的抗离析性能,提高了混凝土的浇筑质量,减少了混凝土表面的蜂窝、麻面现象以及由于振捣不充分在混凝土内部产生的初始缺陷。

(4) 更适合应用于复杂结构、密集钢筋、薄壁、大体积、大高度等结构,比普通混凝土能够获得更好的经济技术效果。

(5) 施工时不需要机械振捣,降低了施工噪声污染,改善了施工现场周围的环境,尤其适合繁华地段施工,可以说是一种"绿色"混凝土。

(6) 比普通混凝土具有更高的强度和耐久性以及广泛的施工适用性,能够适用结构加固和特殊用途结构混凝土当中。

(7) 为了达到更大的流动性和抗离析性,需要更多的填充材料,如硅粉、磨细矿渣及粉煤灰等,其中粉煤灰是几乎所有自密实混凝土都需要用到的材料,且占相当大的比例,取代水泥率通常为25%~40%,自密实混凝土可以消耗大量的工业副产品,减少粉煤灰对自然环境的污染。

自密实混凝土的不足之处：

（1）相对于普通混凝土，自密实混凝土的组成材料中需要更多的水泥，还需要其他的添加材料，以及较多的混凝土外加剂，导致自密实混凝土自身造价的提高，这也在一定程度上制约了自密实混凝土的广泛应用。

（2）自密实混凝土对工作性能要求很高，在满足强度的条件下，还要满足高流动性、填充性和良好的抗离析性能，配制满足工程需要的自密实混凝土比普通混凝土需要更多的组成材料，比如高效减水剂、缓凝剂、粉煤灰、硅粉、矿粉等，因此，自密实混凝土配合比设计过程更加复杂，配制周期也更长。

（3）为了保证自密实混凝土的工作性能，控制混凝土的质量，需要根据更多的评价标准和相关试验，如流动扩展度试验、L槽试验、U形槽试验等，试验工作相对复杂。

第二节　自密实混凝土原材料

一、胶凝材料

（1）配制自密实混凝土宜采用硅酸盐水泥或普通硅酸盐水泥，并应符合现行国家标准《通用硅酸盐水泥》（GB 175）的规定。当采用其他品种的水泥时，其性能指标应符合国家现行相关标准的规定。

（2）配制自密实混凝土可采用粉煤灰、粒化高炉矿渣粉、硅灰等矿物掺合料，且粉煤灰应符合国家现行标准《用于水泥和混凝土中的粉煤灰》（GB/T 1596）的规定，粒化高炉矿渣粉应符合国家现行标准《用于水泥和混凝土中的粒化高炉矿渣粉》（GB/T 18046）的规定，硅灰应符合国家现行标准《高强高性能混凝土用矿物外加剂》（GB/T 18736）的规定。当采用其他矿物掺合料时，应通过充分试验进行验证，确定混凝土性能满足工程应用要求后再使用。

二、骨料

（1）粗骨料宜采用连续级配或2个及以上单粒径级配搭配使用，最大公称粒径不宜大于20mm；对于结构紧密的竖向构件、复杂形状的结构以及有特殊要求的工程，粗骨料的最大公称粒径不宜大于16mm。粗骨料的针片状颗粒含量、含泥量及泥块含量，应符合表2-1的规定，其他性能及试验方法应符合现行行业标准《普通混凝土用砂、石质量及检验方法标准》（JGJ 52）的规定。

表2-1　粗骨料的针片状颗粒含量、含泥量及泥块含量

项　目	针片状颗粒含量	含泥量	泥块含量
指标/%	≤8	≤1.0	≤0.5

（2）轻粗骨料宜采用连续级配，性能指标应符合表2-2的规定，其他性能及试验方法应符合国家现行标准《轻集料及其试验方法　第1部分：轻集料》（GB/T 17431.1）和《轻骨料混凝土技术规程》（JGJ 51）的规定。

表2-2　　　　　　　　　　　轻粗骨料的性能指标

项目	等级密度	最大粒径	粒型系数	24h吸水率
指标	≥700	≤16mm	≤2.0	≤10%

表2-3　　天然砂的含泥量和泥块含量

项目	含泥量	泥块含量
指标	≤3.0	≤1.0

（3）细骨料宜采用级配Ⅱ区的中砂。天然砂的含泥量、泥块含量应符合表2-3的规定；人工砂的石粉含量应符合表2-4的规定。细骨料的其他性能及试验方法应符合现行行业标准《普通混凝土用砂、石质量及检验方法标准》（JGJ 52）的规定。

表2-4　　　　　　　　　　　人工砂的石粉含量

项目		指标		
		≥C60	C55～C30	≤C25
石粉含量/%	MB<1.4	≤5.0	≤7.0	≤10.0
	MB≥1.4	≤2.0	≤3.0	≤5.0

三、外加剂

（1）外加剂应符合国家现行标准《混凝土外加剂》（GB 8076）和《混凝土外加剂应用技术规范》（GB 50119）的有关规定。

（2）掺用增稠剂、絮凝剂等其他外加剂时，应通过充分试验进行验证，其性能应符合国家现行有关标准的规定。

四、混凝土用水

自密实混凝土的拌合用水和养护用水应符合现行行业标准《混凝土用水标准》（JGJ 63）的规定。

五、其他

自密实混凝土加入钢纤维、合成纤维时，其性能应符合现行行业标准《纤维混凝土应用技术规程》（JGJ/T 221）的规定。

第三节　自密实混凝土性能

一、自密实混凝土拌合物性能

（1）自密实混凝土拌合物除应满足普通混凝土拌合物对凝结时间、黏聚性和保水性等的要求外，还应满足自密实性能的要求。

（2）自密实混凝土拌合物的自密实性能及要求可按表2-5确定，试验方法应按《自密实混凝土应用技术规程》（JGJ/T 283—2012）附录A执行。

（3）不同性能等级自密实混凝土的应用范围应按表2-6确定。

第三节 自密实混凝土性能

表 2-5　　自密实混凝土拌合物的自密实性能及要求

自密实性能	性能指标	性能等级	技术要求
填充性	坍落扩展度/mm	SF1	550～655
		SF2	660～755
		SF3	760～850
	扩展时间 $T=500/s$	VS1	≥2
		VS2	<2
间隙通过性	坍落扩展度与J环扩展度差值/mm	PA1	25<PA1≤50
		PA2	0≤PA2≤25
离析性	离析率/%	SR1	≤20
		SR2	≤15
	粗骨料振动离析率/%	f_m	≤10

注　当抗离析性试验结果有争议时，以离析率筛析法试验结果为准。

表 2-6　　不同性能等级自密实混凝土的应用范围

自密实性能	性能等级	应用范围	重要性
填充性	SF1	1. 从顶部浇筑的无配筋或配筋较少的混凝土结构物； 2. 泵送浇筑施工的工程； 3. 截面较小，无需水平长距离流动的竖向结构物	控制指标
	SF2	适合一般的普通钢筋混凝土结构	
	SF3	适合于结构紧密的竖向构件、形状复杂的结构等（粗骨料最大公称粒径宜小于16mm）	
	VS1	适用于一般的普通钢筋混凝土结构	
	VS2	适用于配筋较多的结构或有较高混凝土外观性能要求的结构应严格控制	
间歇通过性[1]	PA1	适用于钢筋净距80～100mm	可选指标
	PA2	适用于钢筋净距60～80mm	
抗离析性[2]	SR1	适用于流动距离小于5m、钢筋净距大于80mm的薄板结构和竖向结构	可选指标
	SR2	适用于流动距离超过5m、钢筋净距大于80mm的竖向结构。也适用于流动距离小于5m、钢筋净距小于80mm的竖向结构，当流动距离超过5m，SR值宜小于10%	

注　1. 钢筋净距小于60mm时宜进行浇筑模拟试验；对于钢筋净距大于80mm的薄板结构或钢筋净距大于100mm的其他结构可不作间隙通过性指标要求。
　　2. 高填充性（坍落扩展度指标为SF2或SF3）的自密实混凝土应有抗离析性要求。

二、自密实混凝土硬化的性能

硬化后的自密实混凝土力学性能、长期性能和耐久性能应满足设计要求和国家现行相关标准。

第四节 混凝土配合比设计

一、一般规定

（1）自密实混凝土应根据工程结构形式、施工工艺以及环境因素进行配合比设计，并应在综合考虑混凝土自密实性能、强度、耐久性以及其他性能要求的基础上，计算初始配合比，经试验室试配、调整得出满足自密实性能要求的基准配合比，经强度、耐久性复核得到设计配合比。

（2）自密实混凝土配合比设计宜采用绝对体积法。自密实混凝土水胶比宜小于0.45，胶凝材料用量宜控制在400~550kg/m³。

（3）自密实混凝土宜采用通过增加粉体材料的方法适当增加浆体体积，也可通过添加外加剂的方法来改善浆体的黏聚性和流动性。

（4）钢管自密实混凝土配合比设计时，应采取减少收缩的措施。

二、混凝土配合比设计

1. 自密实混凝土初始配合比设计规定

（1）配合比设计应确定拌合物中粗骨料体积、砂浆中砂的体积分数、水胶比、胶凝材料用量、矿物掺合料的比例等参数。

（2）粗骨料体积及质量的计算宜符合下列规定。

1）每立方米混凝土中粗骨料的体积可按表2-7选用。

表2-7　　每立方米混凝土中粗骨料的体积

填充性指标	SF1	SF2	SF3
每立方米混凝土中粗骨料的体积/m²	0.32~0.35	0.30~0.33	0.28~0.30

2）每立方米混凝土中粗骨料的质量 m_g 可按式（2-1）计算。

$$m_g = V_g \rho_g \tag{2-1}$$

式中　ρ_g——粗骨料的表观密度，kg/m²。

（3）砂浆体积 V_m 可按式（2-2）计算。

$$V_m = 1 - V_g \tag{2-2}$$

（4）砂浆中砂的体积分数 ϕ_s 可取0.42~0.45。

（5）每立方米混凝土中砂的体积 V_s 和质量 m_s 可按式（2-3）和式（2-4）计算。

$$V_s = V_m \phi_s \tag{2-3}$$

$$m_s = V_s \rho_s \tag{2-4}$$

式中　ρ_s——砂的表观密度，kg/m³。

（6）浆体体积 V_p 可按式（2-5）计算。

$$V_p = V_m - V_s \tag{2-5}$$

（7）胶凝材料表观密度 ρ_b 可根据矿物掺合料和水泥的相对含量及各自的表观密度确定，并可按式（2-6）计算。

第四节 混凝土配合比设计

$$\rho_b = \frac{1}{\dfrac{\beta}{\rho_m} + \dfrac{1-\beta}{\rho_c}} \tag{2-6}$$

式中 ρ_m——矿物掺合料的表观密度，kg/m^3；

ρ_c——水泥的表观密度，kg/m^3；

β——每立方米混凝土中矿物掺合料占胶凝材料的质量分数，%；当采用两种或两种以上矿物掺合料时，可以 β_1、β_2、β_3、…表示，并进行相应计算；根据自密实混凝土工作性、耐久性、温升控制等要求，合理选择胶凝材料中水泥、矿物掺合料类型，矿物掺合料占胶凝材料用量的质量分数 β 不宜小于 0.2。

(8) 自密实混凝土配制强度 $f_{cu,0}$ 应按现行行业标准《普通混凝土配合比设计规程》(JGJ 55) 的规定进行计算。

(9) 水胶比 m_w/m_b 应符合下列规定。

1) 当具备试验统计资料时，可根据工程所使用的原材料，通过建立的水胶比与自密实混凝土抗压强度关系式来计算得到水胶比。

2) 当不具备上述试验统计资料时，水胶比可按式 (2-7) 计算。

$$\frac{m_w}{m_b} = \frac{0.42 f_{ce}(1-\beta+\beta\gamma)}{f_{cu,0} + 1.2} \tag{2-7}$$

式中 m_b——每立方米混凝土中胶凝材料的质量，kg；

m_w——每立方米混凝土中用水的质量，kg；

f_{ce}——水泥的 28d 实测抗压强度，MPa；当水泥 28d 抗压强度未能进行实测时，可采用水泥强度等级对应值乘以 1.1 得到的数值作为水泥抗压强度值；

γ——矿物掺合料的胶凝系数；粉煤灰 ($\beta \leqslant 0.3$) 可取 0.4、矿渣粉 ($\beta \leqslant 0.4$)，可取 0.9。

(10) 每立方米自密实混凝土中胶凝材料的质量 m_b 可根据自密实混凝土中的浆体体积 V_p、胶凝材料的表观密度 ρ_b、水胶比 m_w/m_b 等参数确定，并可按式 (2-8) 计算。

$$m_b = \frac{V_p - V_a}{\dfrac{1}{\rho_b} + \dfrac{m_w}{m_b \rho_w}} \tag{2-8}$$

式中 V_a——每立方米混凝土中引入空气的体积，L，对于非引气型的自密实混凝土，V_a 可取 10~20L；

ρ_w——每立方米混凝土中拌合水的表观密度，kg/m^3，取 $1000 kg/m^3$。

(11) 每立方米混凝土中用水的质量，m_w 应根据每立方米混凝土中胶凝材料质量 m_b 以及水胶比 m_w/m_b 确定，并可按式 (2-9) 计算。

$$m_w = m_b m_w / m_b \tag{2-9}$$

(12) 每立方米混凝土中水泥的质量 m_c 和矿物掺合料的质量 m_m 应根据每立方米混凝土中胶凝材料的质量 m_b 和胶凝材料中矿物掺合料的质量分数 β 确定，并可按式 (2-10) 和式 (2-11) 计算。

$$m_m = m_b \beta \tag{2-10}$$

$$m_c = m_b - m_m \tag{2-11}$$

(13) 外加剂的品种和用量应根据试验确定，外加剂用量可按式（2-12）计算。

$$m_{ca} = m_b \alpha \tag{2-12}$$

式中　m_{ca}——每立方米混凝土中外加剂的质量，kg；

　　　α——每立方米混凝土中外加剂占胶凝材料总量的质量百分数，%。

2. 自密实混凝土配合比的试配、调整与确定

(1) 混凝土试配时应采用工程实际使用的原材料，每盘混凝土的最小搅拌量不宜小于25L。

(2) 试配时，首先应进行试拌，先检查拌合物自密实性能必控指标，再检查拌合物自密实性能可选指标。当试拌得出的拌合物自密实性能不能满足要求时，应在水胶比不变、胶凝材料用量和外加剂用量合理的原则下调整胶凝材料用量、外加剂用量或砂的体积分数等，直到符合要求为止。应根据试拌结果提出混凝土强度试验用的基准配合比。

(3) 混凝土强度试验时至少应采用三个不同的配合比。当采用不同的配合比时，其中一个应为上述确定的基准配合比，另外两个配合比的水胶比宜较基准配合比分别增加和减少0.02；用水量与基准配合比相同，砂的体积分数可分别增加或减少1%。

(4) 制作混凝土强度试验试件时，应验证拌合物自密实性能是否达到设计要求，并以该结果代表相应配合比的混凝土拌合物性能指标。

(5) 混凝土强度试验时每种配合比至少应制作一组试件，标准养护到28d或设计要求的龄期时试压，也可同时多制作几组试件，按《早期推定混凝土强度试验方法标准》（JGJ/T 15）早期推定混凝土强度，用于配合比调整，但最终应满足标准养护28d或设计规定龄期的强度要求。如有耐久性要求时，还应检测相应的耐久性指标。

(6) 应根据试配结果对基准配合比进行调整，调整与确定应按《普通混凝土配合比设计规程》（JGJ 55）的规定执行，确定的配合比即为设计配合比。

(7) 对于应用条件特殊的工程宜采用确定的配合比进行模拟试验，以检验所设计的配合比是否满足工程应用条件。

第五节　混凝土制备与运输

一、原材料检验与储存

(1) 自密实混凝土原材料进场时，供方应按批次向需方提供质量证明文件。

(2) 原材料进场后，应进行质量检验，并应符合下列规定。

1) 胶凝材料、外加剂的检验项目与批次应符合现行国家标准《预拌混凝土》（GB/T 14902）的规定。

2) 粗、细骨料的检验项目与批次应符合现行行业标准《普通混凝土用砂、石质量及检验方法标准》（JGJ 52）的规定，其中人工砂检验项目还应包括亚甲蓝（MB）值。

3) 其他原材料的检验项目和批次应按国家现行有关标准执行。

(3) 原材料储存应符合下列规定。

1) 水泥应按品种、强度等级及生产厂家分别储存，并应防止受潮和污染。

2) 掺合料应按品种、质量等级和产地分别储存，并应防雨和防潮。

3) 骨料宜采用仓储或带棚堆场储存，不同品种、规格的骨料应分别储存，堆料仓应设有分隔区域。

4) 外加剂应按品种和生产厂家分别储存，采取遮阳、防水等措施。粉状外加剂应防止受潮结块；液态外加剂应储存在密闭容器内，并应防晒和防冻，使用前应搅拌均匀。

二、计量与搅拌

(1) 原材料的计量应按质量计，且计量允许偏差应符合表 2-8 的规定。

表 2-8　　　　　　　　　　　原材料计量允许偏差　　　　　　　　　　　　　　%

序号	原材料品种	胶凝材料	骨料	水	外加剂	掺合料
1	每盘计量允许偏差	±2	±3	±1	±1	±2
2	累计计量允许偏差	±1	±2	±1	±1	±1

注 1. 现场搅拌时原材料计量允许偏差应满足每盘计量允许偏差要求。
　　2. 累计计量允许偏差是指每一运输车中各盘混凝土的每种材料计量和的偏差，该项指标仅适用于采用计算机控制计量的搅拌站。

(2) 自密实混凝土宜采用集中搅拌方式生产，生产过程应符合现行国家标准《预拌混凝土》(GB/T 14902) 的规定。

(3) 自密实混凝土在搅拌机中的搅拌时间不应少于 60s，并应比非自密实混凝土适当延长。

(4) 生产过程中，每台班应至少检测一次骨料含水率。当骨料含水率有显著变化时，应增加测定次数，并应依据检测结果及时调整材料用量。

(5) 高温施工时，生产自密实混凝土原材料最高入机温度应符合表 2-9 的规定，必要时应对原材料采取温度控制措施。

表 2-9　　　　　　　　　　原材料最高入机温度

原 材 料	最高入机温度/℃	原 材 料	最高入机温度/℃
水泥	60	水	25
骨料	30	粉煤灰等掺合料	60

(6) 冬季施工时，宜对拌合水、骨料进行加热，但拌合水温度不宜超过 60℃，骨料不宜超过 40℃；水泥、外加剂、掺合料不得直接加热。

(7) 泵送自密实轻骨料混凝土所用的轻粗骨料在使用前，宜采用浸水、洒水或加压预湿等措施进行预湿处理。

三、运输

(1) 自密实混凝土运输应采用混凝土搅拌运输车，并宜采取防晒、防寒等措施。

(2) 运输车在接料前应将车内残留的混凝土清洗干净，并应将车内积水排尽。

(3) 自密实混凝土运输过程中，搅拌运输车的滚筒应保持匀速转动，速度应控制在 3~5r/min，并严禁向车内加水。

(4) 运输车从开始接料至卸料的时间不宜大于 120min。

(5) 卸料前，搅拌运输车罐体宜高速旋转 20s 以上。

(6) 自密实混凝土的供应速度应保证施工的连续性。

第六节 自密实混凝土施工

一、一般规定

(1) 自密实混凝土施工前应根据工程结构类型和特点、工程量、材料供应情况、施工条件和进度计划等确定施工方案，并对施工作业人员进行技术交底。

(2) 自密实混凝土施工应进行过程监控，并应根据监控结果调整施工措施。

(3) 自密实混凝土施工应符合现行国家标准《混凝土结构工程施工规范》（GB 50666）的规定。

二、模板施工

(1) 模板及其支架设计应符合现行国家标准《混凝土结构工程施工规范》（GB 50666）的相关规定。新浇筑混凝土对模板的最大侧压力应按下式计算：

$$F = \gamma_c H \tag{2-13}$$

式中 F——新浇筑混凝土对模板的最大侧压力，kN/m^2；

γ_c——混凝土的重力密度，kN/m^3；

H——混凝土侧压力计算位置处至新浇筑混凝土顶面的总高度，m。

(2) 成型的模板应拼装紧密，不得漏浆，应保证构件尺寸、形状，并应符合下列规定。

1) 斜坡面混凝土的外斜坡表面应支设模板。

2) 混凝土上表面模板应有抗自密实混凝土浮力的措施。

3) 浇筑形状复杂或封闭模板空间内混凝土时，应在模板上适当部位设置排气口和浇筑观察口。

(3) 模板及其支架拆除应符合现行国家标准《混凝土结构工程施工规范》（GB 50666）的规定，对薄壁、异形等构件宜延长拆模时间。

三、自密实混凝土浇筑

(1) 高温施工时，自密实混凝土入模温度不宜超过 35℃；冬季施工时，自密实混凝土入模温度不宜低于 5℃。在降雨、降雪期间，不宜在露天浇筑混凝土。

(2) 大体积自密实混凝土入模温度宜根据温度控制计算的结果来确定，一般情况控制在 30℃以下；混凝土在入模温度基础上的绝热温升值不宜大于 50℃，混凝土的降温速率不宜大于 2.0℃/d。

(3) 浇筑自密实混凝土时，应根据浇筑部位的结构特点及混凝土自密实性能选择机具与浇筑方法。

(4) 浇筑自密实混凝土时，现场应有专人进行监控。当混凝土自密实性能不能满足要求时，可加入适量的与原配合比相同成分的外加剂，外加剂掺入后搅拌运输车滚筒应快速旋转，外加剂掺量和旋转搅拌时间应通过试验验证。

(5) 自密实混凝土泵送施工应符合现行行业标准《混凝土泵送施工技术规程》（JGJ/T 10）的规定。

(6) 自密实混凝土泵送和浇筑过程应保持连续性。

(7) 大体积自密实混凝土采用整体分层连续浇筑或推移式连续浇筑时，应缩短间歇时间，并应在前层混凝土初凝之前浇筑次层混凝土，同时应减少分层浇筑的次数。

(8) 自密实混凝土浇筑最大水平流动距离应根据施工部位具体要求确定，且不宜超过7m。布料点应根据混凝土自密实性能确定，并通过试验确定混凝土布料点的间距。

(9) 柱、墙模板内的混凝土浇筑倾落高度不宜大于5m，当不能满足规定时，应加设串筒、溜管、溜槽等装置。

(10) 浇筑结构复杂、配筋密集的混凝土构件时，可在模板外侧进行辅助敲击。

(11) 型钢混凝土结构应均匀对称浇筑。

(12) 钢管自密实混凝土结构浇筑应符合下列规定。

1) 应按设计要求在钢管适当位置设置排气孔，排气孔孔径宜为20mm。

2) 混凝土最大倾落高度不宜大于9m，倾落高度大于9m时，应采用串筒、溜槽、溜管等辅助装置进行浇筑。

3) 混凝土从管底顶升浇筑时应符合下列规定：①应在钢管底部设置进料管，进料管应设止流阀门，止流阀门可在顶升浇筑的混凝土达到终凝后拆除；②应合理选择顶升浇筑设备，控制混凝土顶升速度，钢管直径不宜小于泵管直径的2倍；③浇筑完毕30min后，应观察管顶混凝土的回落下沉情况，出现下沉时，应人工补浇管顶混凝土。

(13) 自密实混凝土宜避开高温时段浇筑。当水分蒸发速率过快时，应在施工作业面采取挡风、遮阳等措施。

四、养护

(1) 制定养护方案时，应综合考虑自密实混凝土性能、现场条件、环境温湿度、构件特点、技术要求、施工操作等因素。

(2) 自密实混凝土浇筑完毕，应及时采用覆盖、蓄水、薄膜保湿、喷涂或涂刷养护剂等养护措施，养护时间不得少于14d。

(3) 大体积自密实混凝土养护措施应符合设计要求，当设计无具体要求时，应符合现行国家标准《大体积混凝土施工规范》（GB 50496）的有关规定。对裂缝有严格要求的部位应适当延长养护时间。

(4) 对于平面结构构件，混凝土初凝后，应及时采用塑料薄膜覆盖，并应保持塑料薄膜内有凝结水。混凝土强度达到$1.2N/mm^2$后，应覆盖保湿养护，条件许可时宜蓄水养护。

(5) 垂直结构构件拆模后，表面宜覆盖保湿养护，也可涂刷养护剂。

(6) 冬季施工时，不得向裸露部位的自密实混凝土直接浇水养护，应用保温材料和塑料薄膜进行保温、保湿养护，保温材料的厚度应经热工计算确定。

(7) 采用蒸汽养护的预制构件，养护制度应通过试验确定。

第三章 碾压混凝土筑坝技术

第一节 碾压混凝土筑坝技术发展概况

采用碾压土石坝的施工方法修建混凝土坝，是混凝土坝施工技术的重大变革。碾压混凝土是水泥用量和用水量都较少的干硬性混凝土，通常配比中会掺入一定比例的粉煤灰等粉状掺合料。碾压混凝土筑坝是用搅拌机拌和，自卸汽车、皮带运输机等设备运输，用摊铺机将混凝土薄层摊铺，用振动碾压实的方法筑坝。

一、碾压混凝土筑坝技术发展概况

1964年，意大利阿尔卑惹拉坝采用了类似土坝的不分块施工方法，使用汽车运送混凝土料，推土机平仓，振捣器振捣，通仓薄层浇筑。这种新的筑坝方式，不仅改善了坝体分缝分块浇筑的施工方法和结构形式，而且节约了大量模板材料及安装工程量，为机械化作业创造了优越的条件。这种变革不仅加快了筑坝速度，降低了成本，还通过切缝形成横缝，在上游采用专用防渗面板等构造，为大坝分缝及防渗结构设计提出了新的思路。随后瑞士在大狄克逊坝工程上采用了坍落度仅1～3cm、胶凝材料和用水量较低的干贫混凝土和大型强力振捣器，不但节省了水泥用量，改善了坝体温度控制条件，而且提高了坝体混凝土的质量。

1970年，美国工程师学会召开了"混凝土快速施工"会议，美国J. M. 拉斐尔（J. M. Raphael）提出在砂石毛料中加水泥作为填筑材料，用高效率的土石方机械运输和压实方法筑坝的概念。1972年美国土木工程学会召开了"混凝土坝经济施工会议"，坎农的论文《用土料压实方法建造混凝土坝》在理论上初步形成了碾压混凝土筑坝的设想。

1974年，巴基斯坦塔贝拉坝的泄洪隧洞出水口被洪水冲垮，修复工作必须在春季融雪之前完成，工期要求十分紧张，施工速度必须极其快速。于是采用天然骨料和低水泥用量拌和的碾压混凝土进行修复，在42天时间里填筑了35万 m^3 碾压混凝土，证明了碾压混凝土快速施工是可行的。

碾压混凝土坝从设想到成为现实，历时十分短暂。1980年，出现了世界上第一座碾压混凝土坝——日本岛地川重力坝。该坝高89m，上游面用3m厚的常态混凝土起防渗作用，坝体碾压混凝土的胶凝材料用量为120kg/m^3，其中粉煤灰占30％。碾压层厚度50～75cm，每一碾压层碾压完毕后，停歇1～3天再继续填筑上升，用切缝机切缝形成坝体横缝。这就是世界上第一代可实用的碾压混凝土筑坝方法——RCD方法（roller compacted dam-concrete method）。这种新方法与传统的柱状浇筑法相比，在建坝速度、降低造价、改善坝体温度场状况和简化温度控制措施等方面均具有明显的优越性，因而在日本很快取得了共识并得到推广应用。

1982年，美国建成了世界上第一座全断面碾压混凝土重力坝——柳溪坝。该坝高

52m，坝长543m，不设纵横缝；内部碾压混凝土的胶凝材料用量仅66kg/m³；碾压层厚度30cm，连续碾压上升。在实践中逐渐形成了以美国为代表的RCC（roller compacted concrete）方法。由于RCC方法连续碾压上升，节省了碾压层间的间歇时间，施工速度远比日本的RCD方法更为快捷，使大型施工机械在大仓面施工中得以充分发挥效率，大坝混凝土省略了所有温度控制措施，造价降低更为显著。但施工中由于混凝土胶凝材料用量过低，施工工艺也比较粗放，坝体的混凝土质量和均质性存在不少缺陷。

中国自1979年考察了日本的岛地川坝的碾压混凝土（RCD方法）建坝技术后，相继从坝工设计、温度控制、混凝土材料与配合比到混凝土施工工艺，展开了全面的试验研究和探索工作，并参照国外碾压混凝土筑坝的经验和教训，对碾压混凝土筑坝技术提出了一系列新方法和新措施。

1986年，在福建成功地建成了中国第一座碾压混凝土重力坝——坑口电站混凝土重力坝。该坝高58.6m，坝顶长122.5m，不分缝，全断面碾压连续上升，胶凝材料用量为140kg/m³，其中粉煤灰占57%，坝体上游面用6cm的沥青砂浆作防渗层。自坑口坝建成以后，碾压混凝土坝在我国获得迅速发展，并形成了一套具有中国特点的碾压混凝土筑坝技术，即"高掺粉煤灰、中胶凝材料用量、大仓面薄层铺筑、连续碾压上升"的技术模式。这种模式是吸取了RCD方法和RCC技术的若干优点以确保必要的混凝土质量，减少水泥用量以简化温度控制，连续浇筑以加快浇筑上升速度，同时力求避免RCD、RCC两种方法中的缺点。

随着时间的推移，碾压混凝土筑坝技术在工程建设中不断得到改进提高，混凝土质量已能完全满足各种设计指标要求，整套技术已日臻成熟。

二、碾压混凝土筑坝技术的特点

1. 采用低稠度干硬混凝土

碾压混凝土的稠度用VC（vibrating compaction）值来表示，即在规定的振动台上将碾压混凝土振动达到表面液化所需时间（以s计）。VC值的大小应兼顾既要压实混凝土，又不至于使碾压机具陷车。国内VC值通常控制在(10 ± 5)s。随着混凝土制备技术和浇筑作业技术的改进，混凝土的稠度也在逐渐降低，较低的VC值便于施工，可提高碾压混凝土的层间结合和抗渗性能。

2. 掺粉煤灰，简化温控措施

由于碾压混凝土是干贫混凝土，要求掺水量少，水泥用量也很少。为保持混凝土有必要的胶凝材料，必须掺入大量粉煤灰。这样不仅可以减少混凝土的初期发热量，增加混凝土的后期强度，简化混凝土的温控措施，而且有利于降低工程成本。当前我国碾压混凝土坝广泛采用中胶凝材料，低水泥用量，高掺粉煤灰的干硬混凝土，胶凝材料一般在150kg/m³左右，粉煤灰的掺量占总胶凝材料的50%~70%，而且选用的粉煤灰要求达到Ⅱ级以上。中等胶凝材料用量使得层面泛浆较多，有利于改善层面间结合，但对于较低高度的重力坝而言，可能会造成混凝土强度的过度富裕，可以考虑使用较低胶凝材料用量的混凝土。日本RCD方法粉煤灰掺量较少，少于或等于胶凝材料总量的30%。美国RCC方法粉煤灰掺量较高，一般为胶凝材料总量的70%左右。

3. 采用通仓薄层填筑

碾压混凝土坝不采用传统的柱状浇筑法，而采用通仓薄层浇筑。这样可增加散热效果，取消冷却水管预埋，减少模板工程量，简化仓面作业，有利于加快施工进度。碾压层的厚度不仅与碾压机械性能有关，而且与采用的设计准则和施工方法密切相关。RCD方法碾压层厚度通常为50cm、75cm、100cm，间歇上升，层面需作处理；而RCC方法则采用碾压层厚30cm左右，层间不作处理，连续碾压上升。

4. 大坝横缝采用切缝法或形成诱导缝

混凝土坝一般都设横缝，分成若干坝段以防止裂缝。碾压混凝土坝也是如此，但碾压混凝土坝是若干个坝段一起施工，所以横缝要采用振动切缝机切缝，或设置诱导孔等方法形成横缝。坝段横缝填缝材料一般采用塑料膜、铁片或干砂等。

5. 靠振动压实机械使混凝土达到密实

普通流态混凝土靠振捣器械振捣使混凝土达到密实，碾压混凝土靠振动碾碾压使混凝土达到密实。碾压机械的振动力是一个重要指标，在正式使用之前，碾压机械应通过碾压试验来检验其碾压性能、确定碾压遍数及行走的速度。

第二节 碾压混凝土原材料

碾压混凝土是由水泥、掺合料、水、砂、石子及外加剂等材料组成，水泥和掺合料又统称胶凝材料。碾压混凝土的形成机理与常态混凝土相同：胶凝材料与水混合形成胶凝材料浆；胶凝材料浆包裹砂子颗粒，填充砂子间的空隙，并与砂子一起形成砂浆；砂浆则包裹石子颗粒并填充石子间的空隙，再加上外加剂，便形成了碾压混凝土结构体。在碾压混凝土拌合物中，胶凝材料浆在砂石颗粒间起"润滑"作用，使拌合物具有施工所要求的工作度。硬化后的胶凝材料浆体把骨料牢固地胶结成整体。碾压混凝土中的骨料构成混凝土的"骨架"，并一定程度地改善混凝土的某些性能（如减少混凝土的体积变形、降低混凝土的温升等）。外加剂的作用是改善碾压混凝土拌合物的工作性能，提高碾压混凝土的抗冻、抗裂和抗渗等性能。

一、水泥

水泥的品质及检验应符合GB 175、GB 200、GB 1344、GB 2938的有关规定。水泥宜选用硅酸盐水泥、普通硅酸盐水泥、中热硅酸盐水泥、低热硅酸盐水泥，并优先采用散装水泥。

二、掺合料

为了节约水泥，改善碾压混凝土性能，降低水化热温升，在碾压混凝土中掺入一些矿物质磨细料，称为掺合料。

为适应碾压混凝土的连续、快速施工，必须解决大体积混凝土施工水化热问题。从施工工艺角度考虑，在混凝土中设置冷却水管以降低内部水化热的方法虽然可行，但不适合碾压混凝土快速施工的要求。从混凝土配合比的角度考虑，混凝土应尽可能降低水泥用量。然而，为了满足施工对工作度及结构设计对混凝土提出的技术性能要求，水泥用量又不能过少。解决这种矛盾可行有效的方法是在混凝土中掺用混合材料，用以代替部分水泥，而粉煤灰等掺合料就可以起到这种作用，在胶凝材料中使用粉煤灰还可以改善混凝土的耐久性。

碾压混凝土中的掺合料一般是具有活性的。主要有粉煤灰、粒化高炉矿渣粉、磷渣粉、火山灰等。这些掺合料经收集加工，其细度与水泥细度属同一数量级，掺到混凝土中对改善拌合物的工作性能起到与水泥相似的作用。此外，这些掺合料具有潜在的活性，能与水泥的水化物——氢氧化钙发生二次水化反应，生成具有胶结性能的稳定的水化产物，从而对改善混凝土的技术性能起重要作用。掺用掺合料的碾压混凝土，后期强度增长率大，长龄期强度高，抗渗性能及变形性能等随龄期的延长明显增长。碾压混凝土的绝热温升低，因为掺合料的水化发热量比水泥低得多。

碾压混凝土中掺粉煤灰应优先掺入适量的Ⅰ级或Ⅱ级粉煤灰，掺合料的掺量确定应通过实验确定。

三、骨料

用于拌制碾压混凝土的骨料包括细骨料（砂子）和粗骨料（石子）。它们可以是天然的（河砂、卵石），也可以是机制的（人工砂、碎石）。

细骨料宜质地坚硬，级配良好。砂子的含水率应不大于6%。人工砂的细度模数宜为2.2～2.9，天然砂细度模数宜为2.0～3.0。人工砂的石粉（$d \leqslant 0.16mm$ 的颗粒）含量宜控制在12%～22%，其中 $d \leqslant 0.08mm$ 的微粒含量不宜小于5%，最佳石粉含量应通过试验确定。天然砂的含泥量应不大于5%。

粗骨料必须洁净、质地坚硬，级配良好。碾压混凝土是一种超干硬的混凝土，多采用自卸汽车运输入仓，选择合适的粗骨料最大粒径，对减少施工过程中的骨料分离、降低胶凝材料用量是有意义的。骨料级配的选择应从实际出发，考虑料场中骨料的天然级配情况，力求取得生产与使用之间的平衡，达到经济的目的。

四、外加剂

外加剂是碾压混凝土必不可少的组成材料之一。混凝土外加剂在拌制混凝土、水泥净浆过程中掺入，用以改善混凝土性能的化学物质。碾压混凝土胶凝材料用量少，砂率较大，为了改善碾压混凝土的施工性能，就必须掺加一定的减水剂，减水剂的掺用可以降低混凝土单位用水量、改善其黏聚性和提高抗离析性；为了适应碾压混凝土大面积施工的特点，可以适当延长碾压混凝土拌合物的初凝时间，从而使碾压混凝土保持"新鲜"状态，为改善层面的结构，还必须掺入缓凝剂；有抗冻要求的碾压混凝土，还必须掺入引气剂，碾压混凝土中引气剂的掺量一般为常态混凝土的几倍。碾压混凝土外加剂掺用品种及掺量应通过试验确定。

第三节 碾压混凝土的配合比设计

碾压混凝土的配合比是指碾压混凝土各组成材料相互间的配合比例。配合比可用体积比或重量比公式表示，也可以采用表格形式表示。

碾压混凝土配合比设计的任务，实质上是在满足混凝土的工作度、强度、耐久性及尽可能经济的条件下，选择合适的原材料，合理地确定水泥、掺合料、水、砂和石子（分别以 C、F、W、S、G 等符号表示）等五项材料用量之间的四个对比关系。通常将水与胶凝材料用量之间的对比关系用水胶比 W/(C+F) 表示；掺合料与胶凝材料用量之间的对比关系用 F/(C+F) 表示；砂与石子用量之间的对比关系用砂率 S/(S+G) 表示；胶凝材料浆与砂用量之间的对比关系用浆砂比 (C+F+W)/S 表示（也可用浆体填充砂子空隙的盈余系数 α 表示）。它们是碾压混凝土配合比的四个参数。正确地确定这四个参数，就能使设计出的混凝土既满足各项技术指标要求又经济可行。

碾压混凝土配合比设计的基本出发点是：胶凝材料浆体包裹细骨料颗粒并尽可能地填满细骨料间的空隙；砂浆包裹粗骨料，并填满粗骨料间的空隙，形成均匀密实的混凝土，以达到混凝土的技术经济要求。因此，在进行配合比设计时，必须了解胶凝材料浆体能否填满细骨料的空隙，砂浆量是否足以填满粗骨料的空隙。在此基础上考虑到施工现场条件与室内条件的差别，适当增加一定的胶凝材料浆量和砂浆量作为裕度。最终通过现场碾压试验，检验设计出的混凝土拌合物对现场施工设备的适应性。

为了更好地进行配合比设计，必须了解进行配合比设计应遵循的一般原则、配合比参数确定原则，弄清临界浆层厚度的概念，并从理论上认识影响临界浆层厚度和较佳浆量的因素。

一、碾压混凝土配合比设计的特点和原则

（一）配合比设计的一般特点

碾压混凝土是一种超干硬的混凝土。但是，仅将常态混凝土拌合物的流动性减小至振动碾可以碾压施工的范围，则不一定能获得良好的碾压混凝土。碾压混凝土筑坝的薄层连续铺筑方法及拌合物的超干硬性，使碾压混凝土配合比设计具有如下的特点：

（1）为了确保碾压混凝土能快速施工，一般情况下坝体内不设置冷却水管。又由于采用连续铺筑方法施工，通过混凝土顶面散发的热量减少；薄层铺筑施工时，预冷混凝土的温度回升增大等原因，因此在进行配合比设计时，必须考虑配制出的混凝土既满足要求的强度及耐久性等指标，又满足绝热温升的限值。尽可能使用较低的水泥量并掺用较大比例的掺合料。

（2）由于超干硬、松散混凝土拌合物具有易分离的特性，在配合比设计中应控制粗骨料最大粒径、最大粒径骨料和各级骨料之间的合理比例，适当加大砂率，以避免施工过程中出现严重的分离与不密实现象。

（3）配合比设计中一般应考虑在混凝土中掺用外加剂。

（4）若将碾压混凝土拌合物视为类似土料的物质而用土料压实或击实的方法确定其最优单位用水量时，还应考虑硬化后混凝土的性能与水胶比直接相关的一面。

（5）最终的配合比需通过现场碾压试验确定。

（二）碾压混凝土配合比设计的原则

为了保证碾压混凝土的施工质量，必须先进行碾压混凝土室内配合比试验。室内碾压混凝土配合比试验的内容是确定粗骨料、细骨料、掺合料、胶凝材料相互配合的最佳组成比例，使之满足相应的设计和施工要求。最终通过现场碾压试验，检验设计出的混凝土拌合物对现场施工设备的适应性。

因此，在配合比设计中应遵循下列原则：

(1) 碾压混凝土的各项技术指标满足设计要求。

(2) 碾压混凝土拌合物的和易性好，在运输及摊铺过程中不容易分离，混凝土拌合物容易碾压密实，容重最大。

(3) 外加剂和掺合料的品质及掺量选择合理，胶凝材料用量合适。

(4) 配合比经济合理，尽量采用当地材料，降低工程造价。

通过室内碾压混凝土配合比试验，需提供以下几个基本参数供现场试验验证：①水胶比；②单位用水量；③掺合料掺量；④骨料级配及砂率；⑤外加剂品种及掺量。

(三) 配合比参数的确定原则

为了使设计出的碾压混凝土能满足各项技术经济指标的要求，在确定配合比参数时可参考以下原则。

1. 确定 F/(C+F) (或 F/C) 的原则

在碾压混凝土中，掺用较大比例的掺合料（粉煤灰），不仅可以节约水泥、改善混凝土的某些性能，而且可以降低造价，减少环境污染。因此，确定 F/(C+F) 的原则是：在满足设计对碾压混凝土提出的技术性能要求的条件下，尽量选用较大值。胶凝材料 (C+F) 总用量不宜低于 $130kg/m^3$。

2. 确定水胶比 W/(C+F) 的原则

碾压混凝土拌合物的水胶比 W/(C+F) 大小直接影响拌合物的施工性能和硬化混凝土的技术性质。当胶凝材料用量一定时，水胶比增大则拌合物的 VC 值减小，混凝土强度及耐久性降低。相反则 VC 值增大，硬化混凝土强度及耐久性得到改善。若固定水泥用量不变，采用较大的 F/(C+F)，使水胶比 W/(C+F) 降低，则有利于混凝土中粉煤灰活性的发挥，混凝土的强度和耐久性提高。在达到相同强度及耐久性要求的条件下，可以获得经济的效果。因此，确定水胶比 W/(C+F) 的原则是：在满足强度、耐久性及施工要求的 VC 值的条件下，选用较小值 [相应选用较大的 F/(C+F) 及较小的水泥用量]。一般先根据设计要求的抗渗、抗冻标号选择水胶比，再通过试验确定。也可根据保证强度 R_B 选择水灰比和掺合料掺量（以粉煤灰为例）。选择适用范围的 3~5 个水胶比（如 0.4~0.7），建立不同龄期不同粉煤灰掺量的强度与水胶比关系，见式 (3-1)：

$$R_T = AR_C[(C+F)/W - B] \tag{3-1}$$

式中 R_T——龄期强度，MPa；

R_C——水泥龄期强度，MPa；

A、B——系数，由试验统计得出。

在符合设计及施工规范允许范围内，选择设计龄期时，综合考虑效益较佳的粉煤灰掺量，并根据粉煤灰掺量求得该掺量下水胶比。

选定粉煤灰掺量，固定水胶比，得出不同龄期强度增长系数。在标准养护下，碾压混凝土强度龄期增长系数一般为 $R_{28}:R_{90}:R_{180}=1:(1.3\sim1.7):(1.5\sim2.5)$，龄期增长系数大小与胶凝材料品质、粉煤灰掺量及外加剂特性有较大关系。

在无资料时，可参考表 3-1 选择。

表 3-1　　　　　　　　　　抗渗、抗冻标号与水胶比关系

抗　　渗		抗　　冻		
抗渗标号	水胶比	抗渗标号	水胶比	
^	^	^	普通混凝土	加气混凝土
W2	<0.65	F50	0.55	0.60
W4	0.60~0.65	F100	—	0.55
W6	0.55~0.60	F150	0.50	0.50
W8	0.50~0.55			

3. 确定单位用水量 W 的原则

确定单位用水量 W 的原则是在达到流动性的前提下取小值。单位用水量一般根据碾压混凝土拌合物出机口 VC 值宜在 2~8s 的要求进行。

4. 确定浆砂比 (C+F+W)/S 的原则

浆砂比 (C+F+W)/S 的大小是影响碾压混凝土拌合物 VC 值的重要因素，也是影响混凝土密实度的重要因素。随着浆砂比的增大 VC 值减小，在一定的振动能量条件下混凝土的密实度提高。浆砂比过分增大不仅造成 VC 值过小，无法碾压施工，而且造成胶凝材料用量的增加。因此，确定浆砂比的原则是：在保证混凝土拌合物在一定振动能量下能振碾密实并满足施工要求的 VC 值的前提下，尽量取小值。

5. 确定砂率 S/(S+G) 的原则

砂率 S/(S+G) 的大小直接影响拌合物的施工性能、硬化混凝土的强度及耐久性。砂率过大，拌合物干硬、松散、VC 值过大、难于碾压密实，混凝土的强度低、耐久性差；砂率过小，砂浆不足以填充粗骨料间的空隙并包裹粗骨料颗粒，拌合物的 VC 值大，混凝土的密实度低、强度及耐久性下降。因此，在确定碾压混凝土配合比时，必须选定最优砂率。所谓最优砂率，就是在保证拌合物具有抗离析性并达到施工要求的 VC 值时，胶凝材料用量最小的砂率。

粗细骨料品种、粗骨料最大粒径、外加剂性能所对应的砂率和用水量范围见表 3-2。在进行配合比设计时，先固定几个合适用水量。选 3~5 个砂率，做不同 VC 值及密度与砂率的关系试验，并绘制在坐标图上，再从中找出使 VC 值最小的砂率或使密度最大的砂率。

表 3-2　　　　　砂率和用水量范围参考值（掺减水剂或引气减水剂系列）

粗骨料最大粒径	天然砂石料		人工砂石料	
^	砂率	用水量/(kg/m³)	砂率	用水量/(kg/m³)
20	38%~43%	95~115	42%~47%	105~125
40	32%~37%	80~100	36%~41%	90~110
80	28%~33%	70~90	32%~37%	80~100
120	25%~30%	65~85	29%~34%	75~95

注　1. 若不掺减水剂或引气减水剂，砂率还应增加 2%~3%，用水量增加 10~20kg/m³。
　　2. 外加剂为非引气剂时，则可不考虑含气量，掺用引气剂的含气量应通过试验测得。选出 VC 值最小值或密度最大时的砂率，此时的砂率即为最优砂率。为了减少骨料分离，改善混凝土可碾性，并适当降低混凝土的弹性模量，可在最优砂率的基础上，适当提高 2%~4%，该砂率即为配合比的砂率。

（四）骨料颗粒的浆层厚度及混凝土拌合物的用浆量

碾压混凝土拌合物中胶凝材料浆用量的多少直接影响混凝土的物理力学性质和施工性能。其他条件不变时，若浆量不足，则拌合物过于干硬、难于振碾密实，使碾压混凝土孔隙增多、强度及耐久性差；若浆量过多，拌合物过湿，施工时振动碾易陷落，同样难于振碾密实，因而影响碾压混凝土的强度及耐久性。

在混凝土拌和过程中，每一骨料的周围或薄或厚地包裹着一浆层。对某一骨料和胶凝材料浆体，在骨料周围由于界面黏附力的作用而形成了具有一定厚度的接触层。该接触层的厚度也称临界浆层厚度，临界浆层厚度以外的浆体处于游离状态，如图3-1所示。

临界浆层厚度决定于骨料与浆体界面的黏附力及浆体本身的内聚力。黏附力是浆体与骨料间的物理吸附、机械咬合及化学键三种作用的结果。三种作用大小的不同造成临界浆层结构的不同，因而骨料与浆体间黏附力发生变化。临界浆层的结构也与浆体的内聚力、骨料的矿物组成及表面特征有关。此外还受施加给拌合物的振动能量大小影响。当拌合物使用的骨料及振动能量一定时，临界浆层厚度就仅取决于浆体的内聚力［也即取决于 $W/(C+F)$ 及胶凝材料的性质］。在混凝土拌合物中，随着用浆量的逐渐增大，骨料颗粒周围的浆层逐渐增厚。当厚度达到临界厚度以后，若再增加用浆量，则该部分浆体处于游离状态。碾压混凝土拌合物与常态混凝土拌合物的不同，本质上就是在于游离浆体体积的不同。

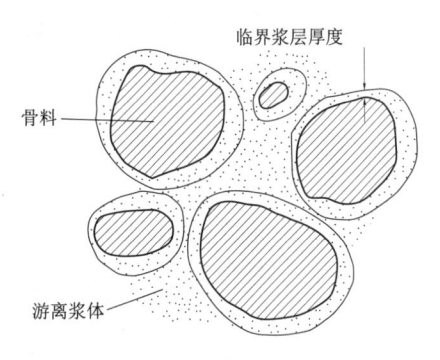

图3-1 骨料周围临界浆层

因此，碾压混凝土拌合物存在最佳浆体用量问题。其用量受以下因素的影响：

1. 提供给拌合物的振动能量

振动能量的大小影响混凝土拌合物中粗细骨料排列的密实程度，即影响骨料的空隙率。振动能量的大小也影响胶凝材料浆在振动情况下的流变特性。因此，振动能量的大小影响每一骨料颗粒周围浆层的临界厚度，从而影响达到要求工作度所需的胶凝材料浆用量。

2. 骨料的种类、级配及颗粒表面特征

骨料的种类、级配及颗粒表面特征的不同影响了骨料的比表面积和一定振动能量下骨料的空隙率，改变了拌合物中游离浆体的量。因此，它们影响了拌合物所需的浆量。

3. 水胶比和掺合料比例

胶凝材料浆的黏稠性随 $W/(C+F)$ 的增大而降低，也随掺合料的掺入比例而变化。当 $W/(C+F)$ 及其他条件不变时，随掺合料比例的增大，拌合物黏性变差。因此，水胶比及掺合料比例影响骨料颗粒的临界浆层厚度，也影响拌合物密实性。

二、碾压混凝土配合比设计的方法

碾压混凝土配合比设计的步骤可以分为以下六步：

（一）收集配合比设计所需的资料

进行碾压混凝土配合比设计之前应收集与配合比设计有关的文件及技术资料，包括混凝土所处的工程部位；工程设计对混凝土提出的技术要求，如强度、变形、抗渗性、耐久性、热学性能、拌合物凝结时间、VC 值、容重等；施工队伍的施工技术水平；工程拟使用的原材料的品质及单价等。

(二) 进行初步配合比设计

1. 碾压混凝土保证强度计算

根据碾压混凝土设计标号、施工水平计算碾压混凝土的保证强度见式 (3-2) 和式 (3-3)：

$$R_P = R_B + t\sigma \tag{3-2}$$

或

$$R_P = \frac{R_B}{1 - tC_V} = KR_B \tag{3-3}$$

式中 R_P——混凝土保证强度；

R_B——混凝土设计强度；

t——保证率系数；

σ——标准差，MPa；

C_V——离差系数，根据施工水平统计得出；

K——强度富裕系数，$K = \frac{1}{1 - tC_V}$。

不同的保证率 P 对应的保证率系数见表 3-3。内部大体积混凝土的保证率一般采用 80%～85%，特殊部位混凝土的保证率采用 90%～95%。在工程无试验资料时可参考表 3-4 选用。

表 3-3 混凝土保证率和保证率系数关系

P	75%	80%	85%	90%	95%
T	0.67	0.84	1.04	1.28	1.65

表 3-4 混凝土不同设计标号的 C_V 参考值

R_B	≤150	200～250	≥300
C_V	0.20	0.18	0.15

2. 初步确定配合比参数

在进行配合比参数选择前，需确定粗骨料的最大粒径和各级粗骨料所占的比例。对于碾压混凝土坝的内部混凝土，最大粗骨料粒径一般取为 80mm。各粒级粗骨料所占比例可根据粗骨料的振实状态容重较大（即空隙率较小）、粗骨料分离较少的原则通过试验确定。国内多数碾压混凝土工程中大、中、小三级粗骨料所占的比例为 4:3:3 或 3:4:3。粗骨料最大粒径及各级粗骨料所占比例确定后，即可确定配合比参数。配合比参数水胶比 W/(C+F)、F/(C+F)（或 F/C）、浆砂比 (C+F+W)/S 或 (W, α) 和砂率 S/(S+G)（或 β）的选择可通过以下方法进行。

(1) 单因素试验分析选择法。由于各碾压混凝土配合比参数对混凝土各种性能的影响程度不同，因此可以选择对混凝土某方面性能影响最显著的参数进行单因素试验以确定该参数的取值。

第三节 碾压混凝土的配合比设计

水胶比和粉煤灰掺量一般可以通过考察它们对混凝土的抗压强度和耐久性的影响加以选择；浆砂比可以通过考察它对砂浆振实容重的影响确定；砂率可根据混凝土振实容重试验确定最佳值并考虑拌合物的骨料分离情况选定。

单因素试验分析法在国内使用较为普遍。我国早期建造的天生桥二级水电站碾压混凝土坝、铜街子碾压混凝土坝、水口水电站明渠导流墙等工程，以及近年施工的江垭大坝、三峡三期碾压混凝土围堰、龙滩大坝等工程的碾压混凝土配合比参数的选择基本都采用这种方法。

(2) 正交试验设计选择法。碾压混凝土配合比参数的选择，由于所涉及的因素较多，要想得到全面正确的结论，往往需要做大量的试验。而采用正交试验设计选择法，可以通过较少的试验次数获得用常规方法需要许多次试验才能得出的结果，从而使试验工作量大为减少。我国坑口水电站坝体、广西岩滩水电站围堰及坝体、江西万安水电站坝体等碾压混凝土配合比设计时采用了这种方法。

正交试验设计选择法包含两个方面的内容：①均衡分散性；②整齐可比性。正交表就是根据这两条正交原理，从大量的试验中挑出适量有代表性的试验点，编制出的有规律的表格。"正交表"是正交设计的基本工具。表3-5即为最常用的正交表$L_9(3^4)$的形式。

表 3-5　　　　　　　　$L_9(3^4)$ 正　交　表

试验号	各实验因素的水平号			
	A	B	C	D
1	1	1	1	1
2	1	2	2	2
3	1	3	3	3
4	2	1	2	3
5	2	2	3	1
6	2	3	1	2
7	3	1	3	2
8	3	2	1	3
9	3	3	2	1

正交表$L_9(3^4)$的记号所代表的内容如下："L"表示正交表；角标"9"为正交表的横行数，表示需做试验的次数，即各试验因素及其水平搭配的试验处理数；括号内的"3"表示各试验因素的水平数；指数"4"为正交表的纵列数，表示最多能安排试验因素的个数。

所谓"因素"，是指试验所要考察的因素；所谓"水平"，是各因素在试验中要比较的具体条件。以正交表$L_9(3^4)$为例，说明其特点如下：每纵列"1""2""3"出现次数相同，都是三次；任意两个纵列，其横向形成的9个数字对 (1, 1)、(1, 2)、(1, 3)、(2, 1)、(2, 2)、(2, 3)、(3, 1)、(3, 2)、(3, 3) 出现次数相同，都是一次，即任意两个纵列的字码"1""2""3"的搭配是均匀的。

碾压混凝土配合比试验可将四个配合比参数作为正交试验设计的因子，每个因子取

3~4个水平，选择适当的正交表安排试验。用直观分析法或方差分析法分析各因子水平与拌合物及混凝土性能的关系，从而选择出配合比参数。

须指出的是，正交试验设计选择法对室内原材料性质波动很小的情况是合适的。但在正式施工前，必须通过现场试验验证配合比参数选择的正确性。

(3) 工程类比选择法。对于中小工程，当不可能通过试验确定配合比参数时，可以参考类似工程初步选定配合比参数，进行初步配合比设计。

3. 计算每立方米碾压混凝土中各种材料用量

碾压混凝土配和比设计各种材料用量的计算方法主要有绝对体积法、假定表观密度法和填充包裹法。

(1) 绝对体积法。该方法假定碾压混凝土拌合物的体积等于各组成材料绝对体积及混凝土拌合物中所含空气体积之和，见式(3-4)：

$$\frac{C}{\rho_c}+\frac{F}{\rho_f}+\frac{W}{\rho_w}+\frac{S}{\gamma_s}+\frac{G}{\gamma_G}+10\alpha=1000 \quad (3-4)$$

式中 C、F、W、S、G——每立方米碾压混凝土中水泥、掺合料、水、砂及石子的用量，kg/m³；

ρ_c、ρ_f、ρ_w——水泥、掺合料及水的密度，g/cm³；

γ_s、γ_G——砂、石子的表观密度，g/cm³；

α——碾压混凝土拌合物的含气量百分数，不掺引气剂时一般可取 $\alpha=1\sim3$。

根据已取定的配合比参数，即可求解出每立方米混凝土中各种材料用量。我国大多数碾压混凝土工程在进行碾压混凝土配合比设计时都是采用此方法。

(2) 假定表观密度法（假定容重法）。该方法假定所配制出的碾压混凝土拌合物的表观密度为一已知的 γ_{con}，因此有式(3-5)：

$$C+F+W+S+G=\gamma_{con} \quad (3-5)$$

式中其他符号意义同前。

根据已取定的配合比参数，即可求解出每立方米碾压混凝土的各种材料用量。天生桥二级坝体、大广坝在进行碾压混凝土配合比设计中使用此方法。

(3) 填充包裹法。该方法的基本思想是，混凝土由固相变为液相且满足：①胶凝材料浆包裹砂粒并填充砂的空隙形成砂浆；②砂浆包裹粗骨料并填充粗骨料间的空隙，形成混凝土。

以 α、β 为衡量的指标：α 表示胶凝材料浆体积与砂空隙体积的比值，β 表示砂浆体积与粗骨料空隙体积的比值。由于考虑留有一定的富余，α、β 均应大于1。碾压混凝土的 α 值一般为1.1~1.3，β 值一般为1.2~1.5。因此有式(3-6)和式(3-7)：

$$\frac{C}{\rho_c}+\frac{F}{\rho_F}+\frac{W}{\rho_w}=\alpha 10P_s\frac{S}{\gamma'_s} \quad (3-6)$$

$$1000-10V_a-\frac{G}{\gamma_G}=\beta 10P_G\frac{G}{\gamma'_G} \quad (3-7)$$

式中 P_s、P_G——砂子及石子的振实状态空隙率；

V_a——混凝土的孔隙体积百分数；

γ'_s、γ'_G——砂子及石子的振实状态堆积密度（即振实容重）；

其他符号意义同前。

从而可求得 G 和 S。

根据以上各式可计算出每立方米碾压混凝土的各种材料用量。

（三）试拌调整

以上求得的各种材料用量是借助于一些经验公式和经验数据求得的，或是利用经验资料获得的。即使某些参数是通过实验室试验求得的，也可能因为试验条件与实际情况的差异，不可能完全符合实际情况。必须通过试拌调整实测混凝土拌合物的工作度，并实测混凝土拌合物的表观密度。

按初步确定的配合比称取各种材料进行试拌，测定拌合物的 VC 值。若 VC 值低于设计要求，则应在保持水胶比不变的条件下增加用水量。若 VC 值高于设计要求，可在保持砂率不变的情况下增加骨料。若拌合物抗分离性差，则可保持浆砂比不变适当增大砂率，反之则减小砂率。VC 值是反映碾压混凝土可碾性的一个重要指标，也是控制碾压混凝土层间结合质量的保证，一般出机口 VC 值宜在 5～10s。为了加强碾压混凝土层间结合，近年来国内工程界普遍认为 VC 值在不陷碾的前提下宜取小值。

当试拌调整工作完成后，测定拌合物的实际表观密度，并计算出实际配合比的各种材料用量（各种材料用量分别乘以校正系数 δ：δ 等于实测与假定表观密度之比）。

（四）室内配合比确定

经过试拌调整得出的混凝土配合比，其水胶比不一定恰当，应进一步检验其强度及耐久性指标。一般可采用三个不同的配合比，其中之一为经试拌调整得到的配合比，另外两个配合比的水胶比值应较试拌调整得到的配合比增加 0.05 或减少 0.05。三个配合比的用水量相同，砂率可以根据 VC 值的变化加以适当调整。每个配合比根据要求制作强度及耐久性试验试件，养护到规定龄期进行试验，根据试验结果确定室内配合比（在满足强度、耐久性及施工要求的 VC 值条件下，水胶比选用较小值）。

（五）施工现场配合比换算

试验室得出的室内配合比一般以饱和面干状态的砂石材料为基础，且一般不含超逊径骨料。但施工时，工地砂石材料的实际含水状态一般与实验室不同，并常存在一定数量的超、逊径。故现场材料的实际称量应根据砂石含水量及超逊径情况进行修正，将室内配合比换算为施工现场配合比。

1. 骨料含水率的调整

依据现场实测砂、石表面含水率，砂、石以饱和面干状态为基准（或砂、石含水率以干燥状态为基准），在配料时，从加水量中扣除骨料的表面含水量或含水量，并相应增加砂、石用量。假定施工现场实测砂、石表面含水率为 $a\%$，石子的表面含水率 $b\%$，则室内配合比换算为施工配合比，其材料的称量应见式（3-8）～式（3-12）：

$$C = C' \tag{3-8}$$

$$F = F' \tag{3-9}$$

$$S = S'(1 + a\%) \tag{3-10}$$

$$G=G'(1+b\%) \tag{3-11}$$
$$W=W'-S'a\%-G'b\% \tag{3-12}$$

式中 C'、F'、W'、S'、G'——室内配合比的各种材料用量；
　　　C、F、W、S、G——施工配合比的各种材料用量。

2. 骨料超、逊径调整

当工地砂石材料的超逊径含量超过规范规定时也应将室内配合比进行换算。依据现场实测某级骨料超、逊径含量，将该级骨料中超径含量计入上一级骨料，逊径含量计入下一级骨料，则该级骨料调整见式（3-13）：

$$调整量＝（该级超径量＋该级逊径量）－（下级超径量＋上级逊径量） \tag{3-13}$$

（六）现场碾压试验及配合比调整

在目前条件下，一个工程在进行碾压混凝土施工之前都必须进行现场碾压试验，其目的除了确定施工参数、检验施工生产系统的运行和配套情况、落实施工管理措施之外，通过现场碾压试验可以检验设计出的碾压混凝土配合比对施工设备的适应性（包括可碾压性、易密性等）及拌合物的抗分离性能。必要时可以根据碾压试验情况作适当调整。

第四节　碾压混凝土施工

一、碾压混凝土施工工艺流程

碾压混凝土通常的施工程序是先在下层混凝土层面上铺砂浆，汽车运输入仓，平仓机平仓，振动压实机压实，在拟切缝位置拉线，机械对位，在振动切缝机的刀片上装铁皮并切缝至设计深度，拔出刀片，铁皮则留在混凝土中，切完缝再沿缝无振动碾压两遍。这种施工工艺在国内具有普遍性，其工艺流程如图3-2和图3-3所示。

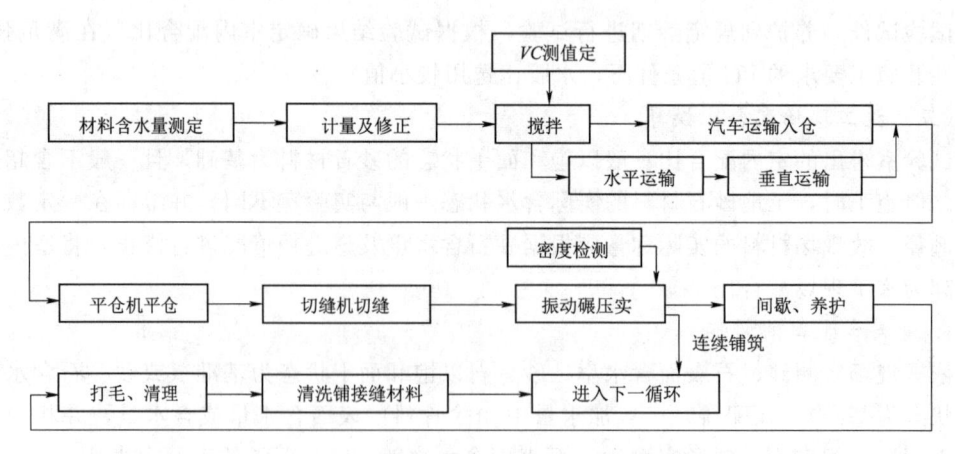

图3-2　碾压混凝土施工工艺流程图

二、现场碾压试验

在完成室内碾压混凝土配合比设计所提供的初试值的基础上，应进行现场碾压试验。试验场地一般是利用临时围堰、护坦或大型临时设备基础等。其试验目的如下：

第四节 碾压混凝土施工

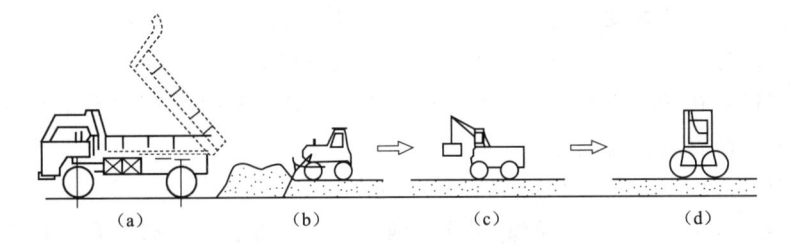

图 3-3 碾压混凝土施工作业流程图
(a) 自卸汽车供料；(b) 平仓机平仓；(c) 切缝机切缝；(d) 振动碾压实

(1) 校核与修正碾压混凝土配合比设计各项参数。

(2) 确认碾压混凝土施工工艺各项参数。如碾压混凝土入仓与收仓方式，混凝土运输卸料、摊铺及预压，横缝施工，碾压混凝土压实厚度及遍数，碾压混凝土放置时间及其质量变化，模板结构物周边部位混凝土施工措施等。

(3) 检验、检测所使用的碾压混凝土施工设备的适用性，工作效率，以便确认施工设备配置数量，确定碾压混凝土条带摊铺厚度、宽度与长度。

(4) 实地操作并熟悉碾压混凝土筑坝技术的施工工艺，解决施工中可能发生的问题，确认碾压混凝土可能达到的质量指标。

(5) 制定适合本工程的碾压混凝土施工规程。

实践证明在现场碾压试验之前用砂石料进行工艺模拟演练，可以收到良好的效果。

三、拌和

拌制碾压混凝土宜优先选用强制式搅拌设备，也可采用自落式等其他类型搅拌设备。无论采用哪种搅拌设备，必须保证搅拌混凝土的均匀性和混凝土填筑能力。同时卸料斗的出料口与运输工具之间的自由落差不宜大于 1.5m。

碾压混凝土的拌和时间，应通过现场混凝土拌和均匀性试验确定，不宜少于 60s。各种原材料的投料顺序一般为砂→水泥→粉煤灰→水→石子。不能实现如上投料顺序，也可允许砂石一齐首先投入拌和机，但胶凝材料和水必须滞后于砂石投放，以免胶凝材料沾罐和水的渗漏损失。

四、运输

运输碾压混凝土要选择适合坝址场地特性的运输方式，尽可能做到少转运，运输速度快。宜采用自卸汽车、皮带机、真空溜槽（管），必要时缆机、门机、塔机等机具也可采用。无论采用哪种运输设备，都要防止骨料分离以及灰浆损失。

采用自卸汽车运输混凝土直接入仓时，车辆行走的道路应平整，在入仓前应将轮胎清洗干净，洗车槽距仓口的距离应有不小于 20m 的脱水距离，并铺设钢板，防止泥土、水等污物带入仓内。车辆在仓内的行驶速度不应大于 10km/h，应避免急刹车、急转弯等有损混凝土层面质量的动作。

采用皮带输送机运输混凝土时，应有遮阳、防雨设施，必要时加设挡风设施，并应采取措施以减少骨料分离和灰浆损失。

真空溜槽（管）是靠溜槽（管）混凝土下滑产生负压推动溜槽（管）混凝土垂直输

送，真空溜槽（管）的坡度宜为40°～50°，长度不宜大于100m，真空溜槽（管）的出口应设垂直向下的弯头。防止骨料分离措施应通过现场试验确定。

各种运输机具在转运或卸料时，出口处混凝土自由落差均不宜大于1.5m，超过1.5m宜加设专用垂直溜管或转料漏斗。

五、卸料

碾压混凝土施工宜采用大仓面薄层连续铺筑，汽车进仓卸料时，宜采用退铺法依次卸料，且宜按梅花形依次堆放。卸料应尽可能均匀，堆旁出现的分离骨料应用人工或其他机械将其均匀分散到未碾压的混凝土面上。为减少骨料分离，应采取"一堆三推"，即先从料堆的两个坡角先推出，后推中间部分。只要摊铺层的表面积能容以摊铺机和自卸汽车作业，就应将料卸在已摊铺层上，由摊铺机全部推移原位，形成新的摊铺面，这样可起到搅拌作用，如图3-4所示。

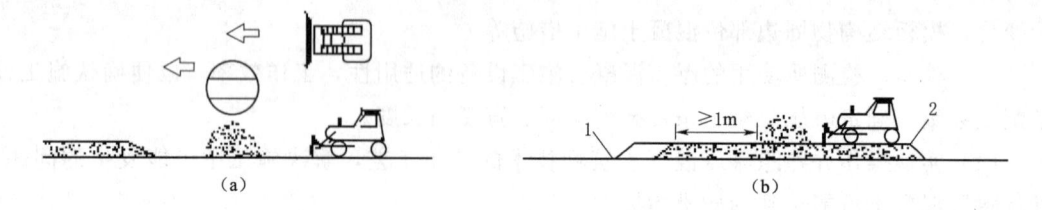

图3-4 碾压混凝土摊铺示意图
(a) 一堆三推；(b) 将料全部推移
1—已铺砂浆；2—条带起始点

六、平仓摊铺

在摊铺碾压混凝土前，通常先在建基面上铺一层常态垫层混凝土找平，其厚度根据坝高、坝址地质及建基面起伏状态而定，一般厚1～2m，在常态混凝土中可布置灌浆廊道和排水廊道。但也有工程采用较薄常态混凝土垫层，例如大朝山工程，建基面上仅用0.5m厚常态混凝土找平，即开始碾压混凝土铺筑。

碾压混凝土入仓虽可用不同的运输工具，但摊铺方法基本相同。不论采用自卸汽车直接入仓，还是负压溜管入仓，或是斜坡运输车通过集料斗再用自卸汽车入仓，摊铺时都要注意防止骨料分离。

我国常采用碾压层厚为30cm，最大骨料粒径为80mm的三级配碾压混凝土。碾压混凝土仓面施工常采用平层通仓法，该法具有在大仓面条件下、高效、快速施工的特点，施工质量好。为了在大仓面条件下减小浇筑作业面积、缩短层间间隔时间，可采用斜层平推法和台阶法，如图3-5所示。工程实践表明，斜层平推法可以用较小的浇筑能力浇筑较大面积的仓面，达到减少投入、提高工效、降低成本的目的。采用斜层平推法铺筑时，层面不得倾向下游，坡度不应陡于1:10，坡脚部位应避免形成薄层尖角。

仓面常用推土机摊铺找平，碾压混凝土铺筑层应以固定方向逐条带铺筑。坝体迎水面3～5m范围内，平仓方向应与坝轴线方向平行。

当压实厚度为300mm左右时，可一次平仓铺筑。为了改善骨料分离状况或压实厚度较大时，可分2～3次铺筑。

第四节　碾压混凝土施工

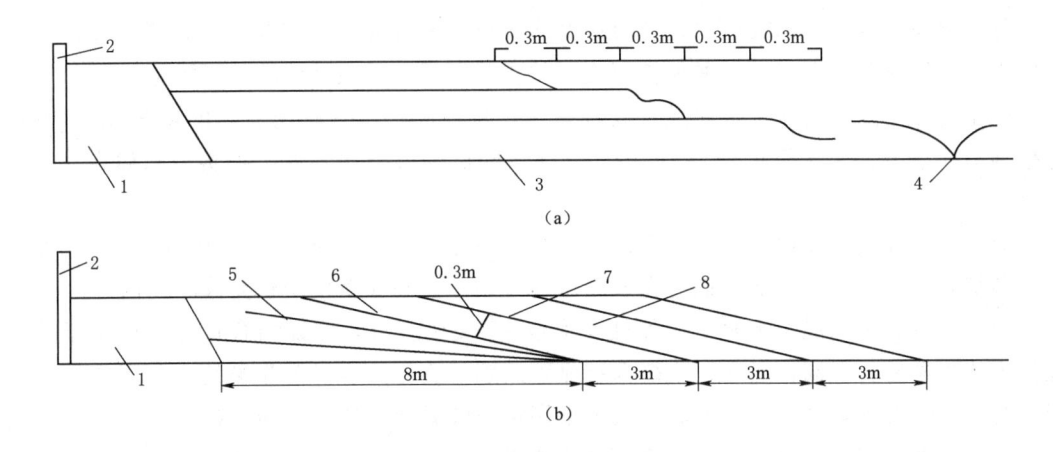

图 3-5　摊铺方法示意图
(a) 台阶法摊铺；(b) 斜层平推法摊铺
1—常态混凝土或变态混凝土；2—模板；3—先一条块砂浆；4—后一条块砂浆；
5—第一条带；6—第二条带；7—第三条带；8—斜层（1∶10）摊铺、一次碾压

卸料时如发现大骨料滚落集中，需用人工及时将其铲开，铺在砂浆较多处，以免碾压后大骨料集中于层面，形成漏水通道。

平仓后混凝土表面应平整，碾压厚度应均匀。摊铺平整后的仓面宜向上游倾斜，不能倾向下游，以利于坝体稳定。

七、碾压

碾压混凝土施工最重要的环节是碾压。碾压混凝土特别干硬，骨料间阻力很大，仅靠自重不能克服。在振动作用下骨料颗粒周围虽出现局部液化现象，但仍必须增加压重使骨料在不同位置产生不等的位移，此时骨料表面胶凝材料暂时出现分离，使封闭的气泡在连续振动和碾压下随渗液排出，仓面有时会出现少量泌水，促使骨料与砂浆进一步密实，达到设计要求的密度。

根据碾压层厚、仓面尺寸、碾压混凝土和易性、骨料最大粒径和性质，振动碾的激振力、滚筒尺寸、振幅、行走速度等，以及其他方面的因素选择碾压设备。若采用人工骨料，由于骨料间阻力较大，宜选择较重的振动碾。

我国碾压混凝土多采用 BW 系列振动碾压实。这种碾有各种不同重量，重型碾用于坝体内部，在靠近模板边一定范围内用变态混凝土，相连部位直接用大型振动碾碾压。振动碾的行走速度应控制在 1.0～1.5km/h。

施工中采用的碾压厚度及碾压遍数宜经过试验确定，碾压厚度不宜小于混凝土最大骨料粒径的 3 倍。在推土机平仓后，通常先无振碾压 2 遍，然后再有振碾压 6～8 遍，需作为水平施工缝停歇的层面，达到规定的碾压遍数及表观密度后，宜进行 1～2 遍无振碾压。靠近模板处用轻碾（重 1～5t）有振碾压 10～20 遍。以防漏压，保证碾压后碾压混凝土的密度都能达到标准。

坝体迎水面 3～5m 范围内，碾压方向应平行坝轴线方向。碾压作业应采用搭接法，碾压条带搭接宽度为 100～200mm，端头部位搭接宽度宜为 1m。

每个碾压条带作业结束后，应及时按网格布点检测混凝土的表观密度，低于规定指标时应立即重复检测，必要时可增加检测点，并查明原因，采取补压等处理措施。

碾压混凝土入仓后应尽快完成平仓和碾压，从拌和加水到碾压完毕的最长允许历时，应根据不同季节、天气条件及VC值变化规律，经试验或类比其他工程实例来确定，不宜超过2h。

碾压层内铺筑条带边缘、斜层平推法的坡脚边缘，碾压时应预留200～300mm宽度与下一条带同时碾压，这些部位最终完成碾压的时间应控制在直接铺筑允许时间内。

当上下游有常态混凝土时，交界处要形成45°交错斜坡，保证结合良好。但由于异种混凝土的胶凝材料不同，温升、收缩都有显著差别，交界处容易产生裂缝，所以在碾压和振捣时必须注意保证密实。在坝肩斜坡上采用常态混凝土垫层时，应与碾压混凝土顺序交叉上升，先填筑碾压混凝土，然后再填常态混凝土，常态混凝土面宜低于碾压混凝土面，再用高频振捣器从基岩侧向碾压混凝土侧方向振捣，并插入下层混凝土5cm左右。

八、成缝及层间处理

碾压混凝土施工，通常采用大面积通仓填筑，坝体的横向伸缩缝可采用"振动切缝机造缝"或"设置诱导孔成缝"等方法形成。造缝一般采用"先切后碾"的施工方法，填缝材料一般采用塑料膜、金属片或干砂，成缝面积不应小于设计面积的60%。诱导孔成缝即是碾压混凝土浇筑完一个升程后，沿分缝线用手风钻钻孔并填砂诱导成缝。

我国碾压混凝土采用的碾压层厚多为30cm。对于高坝，特别是高100m以上的坝，多达数百层面，如果处理不好，会成为坝体的薄弱环节，轻者成为渗漏通道，影响碾压混凝土的耐久性，严重时甚至会影响大坝的安全运行。因此，层面结合良好，提高层面抗剪强度成为高碾压混凝土重力坝的关键课题之一。

碾压混凝土坝一般有两种层面：一种是正常的间歇面，层面处理采用刷毛或冲毛清除乳皮及松动骨料，达到微露粗砂即可。再铺垫层拌合物，垫层拌合物可使用与碾压混凝土相适应的灰浆、砂浆或小骨料混凝土，灰浆的水胶比应与碾压混凝土相同，砂浆和小骨料混凝土的强度等级应提高一级，砂浆的摊铺厚度为10～15mm。然后可继续铺筑碾压混凝土料进行下一循环。另一种是连续碾压的临时施工层面，一般不进行处理，但在全断面碾压混凝土坝上游面防渗区，可以铺砂浆或水泥浆，防止层面漏水。

若因施工计划的改变、降雨或其他原因造成施工中断时，应及时对已摊铺的混凝土进行碾压。停止铺筑的混凝土面边缘宜碾压成不大于1:4的斜坡面，并将坡脚处厚度小于150mm的部分切除，当重新具备施工条件时，可根据中断时间采取相应的层缝面处理措施后继续施工。

在高坝建设上，为控制抗剪断强度（f，c），龙滩工程在设计阶段对层面胶结强度做了10种工况的现场碾压混凝土和相应的抗剪断试验，试验成果表明采用以下措施可以提高层间结合强度：

(1) 适当提高胶凝材料含量。

(2) 尽量缩短上层铺料碾压时间，保证在下层碾压混凝土初凝前完成。

(3) 在配合比中适当增加缓凝外加剂。

(4) 切实防止骨料分离和骨料中掺杂软弱颗粒。

(5) 在层面上铺一薄层砂浆或水泥粉煤灰浆。

(6) 防止仓面污染。

碾压混凝土拌合物的初凝时间会影响层间黏结强度，如何判断碾压混凝土拌合物的初凝时间，可采用混凝土拌合物初凝时间测定仪（贯入阻力仪，图3-6），在现场测试碾压混凝土的初凝时间。

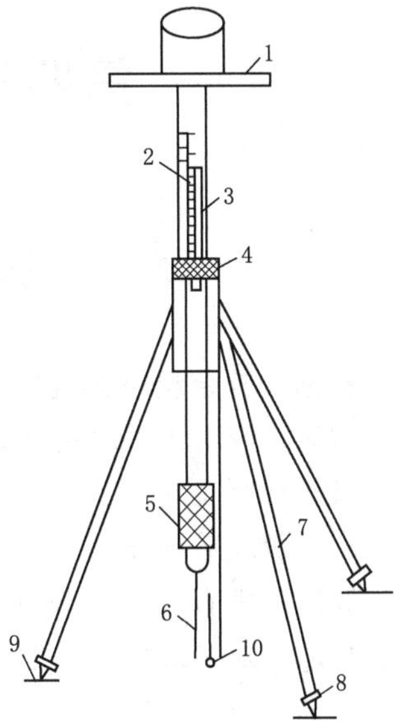

九、变态混凝土浇筑

变态混凝土是在已经铺筑的碾压混凝土中掺入一定比例的灰浆（一般为变态混凝土总量的4%~7%）后振捣密实的混凝土。它主要适用于碾压混凝土坝靠近模板的外部结构，对于一些无法实施碾压混凝土的部位，如孔洞、模板等周边，非常适宜。

变态混凝土应随碾压混凝土浇筑逐层施工，铺料时宜采用平仓机辅以人工两次摊铺平整，灰浆宜洒在新铺碾压混凝土的底部和中部。也可采用切槽和造孔铺浆，或在新铺碾压混凝土的表面铺浆。变态混凝土的铺层厚度宜与平仓厚度相同，用浆量经试验确定。

变态混凝土所用灰浆由水泥与掺合料及外加剂拌制而成，其水胶比应不大于同种碾压混凝土的水胶比。

变态混凝土振捣宜使用强力振捣器，振捣时应将振捣器插入下层混凝土50mm左右，相邻区域碾压混凝土碾压时与变态区域搭接宽度应大于200mm。

图3-6 碾压混凝土初凝时间现场测定仪示意图
1—承重盘；2—刻度尺；3—滑竿；4—卡环；5—测杆螺丝；6—测杆；7—三脚架；8—支架升降螺丝；9—支架垫板；10—垂球

十、碾压混凝土的养护和防护

碾压混凝土是干硬性混凝土，受外界的条件影响很大。在大风、干燥、高温气候条件下施工，要避免混凝土表面水分散失，应采取喷雾补偿等措施，在仓面造成局部湿润环境，同时在混凝土拌和时适当将VC值调小。

没有凝固的混凝土遇水会严重降低强度，特别是表层混凝土几乎没有强度，所以在混凝土终凝前，严禁外来水流入。当降雨强度超过3mm/h时，应停止拌和，并迅速完成进行中的卸料、平仓和碾压作业。刚碾压完的仓面应采取防雨保护和排水措施。

碾压混凝土终凝后立即开始洒水养护。对于水平施工缝和冷缝，洒水养护应持续至上一层碾压混凝土开始铺筑为止；对永久外露面，宜养护28d以上。刚碾压完的混凝土不能洒水养护，可用毯子或麻袋覆盖防止表面水分蒸发，且起到养护作用。低温季节应对混凝土的外露面进行保温养护，特别在温度骤降的时候，更应加强混凝土的保温措施。

从施工组织安排上应尽量避免夏季和高温时段施工。由于碾压混凝土主要采取薄层浇筑，靠自然散热冷却，加之采用干硬性混凝土，本身用水量就少，夏季高温施工，表面水分极易蒸发，一方面容易干燥开裂；另一方面危害更大的是难以充分压实，造成表层疏松，形成漏水通道。显然，碾压混凝土受气候条件的限制较常态混凝土更加严格。夏季作业时，在施工组织安排和施工技术要求上，应制订更周密的措施。

第四章　胶结颗粒料施工技术

第一节　胶结颗粒料概述

根据《胶结颗粒料筑坝技术导则》(SL 678—2014),胶结颗粒料是利用水泥及掺合料、砂浆、混凝土等胶结材料,将颗粒料胶结形成具有一定强度的材料,包括胶凝砂砾石、堆石混凝土等。

一、胶凝砂砾石

胶凝砂砾石（cemented sand and gravel,CSG）坝介于混凝土（含碾压混凝土）坝和土石坝之间,其筑坝材料是使用少量的胶凝材料和工程现场不筛分、不水洗的砂砾石料,通过拌和、摊铺、振动碾压后形成的具备一定强度和抗剪性能的材料。美国 J. M. 拉斐尔（J. M. Raphael）于1970年在美国加州召开的"混凝土快速施工会议"上提交了最优重力坝论文,首先提出使用硬填料筑坝,用高效率的土石方运输机械和压实机械施工。后期法国、日本等国的学者完善了有关思路,进行了进一步的概括,并建设了永久工程,命名为硬填料坝、梯型坝等。从建设过程和筑坝材料看,这类工程的特点是在天然级配的土石料中掺加少量水泥,使砂砾石料从散粒体变成固结体,由此产生的优点有:①水泥用量低,则水化热温升低,施工不存在温控问题;②对骨料要求低,可以就地取材,直接利用现址河床开挖出来的砂卵石及枢纽建筑物开挖丢弃的砂砾石、石渣等;③对骨料要求降低,节约了材料的造价;④减轻了水利枢纽工程施工对周围环境（尤其是植被）的破坏。我国学者对此类材料筑的坝曾称之为"超贫胶结材料坝""硬填料坝""胶凝堆石料坝"或者"贫胶砂砾料碾压混凝土坝"等。

二、堆石混凝土

大坝混凝土由于其大体积的特点,要尽量降低混凝土的水化热和成本,也就是应该尽量降低水泥的用量。一般而言,采用大粒径骨料可以起到这样的作用。但是,常规混凝土在施工过程中,受到拌和能力、振捣能力和骨料分离的限制,最大粒径一般均小于150mm。毛石混凝土和浆砌石可以减少水泥用量,但对施工人员技术要求高,混凝土强度较低,施工质量不易保证,埋石量也有限制,不利于大型机械化施工,施工速度较慢,不适应现代快速施工的要求。

堆石混凝土施工方式是将一定粒径的堆石直接入仓,从堆石体上部倒入自密实混凝土,利用自密实混凝土的高流动性及抗离析性能,使得自密实混凝土依靠自重填充堆石体空隙,形成完整、密实、有较高强度的混凝土。

采用堆石混凝土进行大体积混凝土浇筑有以下主要优点:

(1) 施工速度快,质量有保证。由于没有振捣过程,工艺简单,可以大大提高施工速度。质量控制也相对容易，施工质量易于保证。

（2）高强、耐久。自密实混凝土是一种高性能混凝土，由于其水胶比一般仅为 0.3～0.45，甚至更低，其高强、耐久的特性已被广泛证实。堆石混凝土实际上就是含有超大骨料的自密实混凝土，因此，堆石混凝土也具有很高的强度。

（3）造价相对较低。经过初步筛分的堆石直接入仓以后，空隙率一般在 40% 左右。因此，单位体积的堆石混凝土的自密实混凝土用量仅为 40% 左右。

（4）水化热温升较低，温控相对容易。堆石混凝土的粗骨料采用堆石，粒径大，单位体积自密实混凝土用量少。

（5）只需要拌和一级配的自密实混凝土，拌和楼的规模可减小。对石料进行粗筛分，大石料直接入仓，小石料可以用来生产自密实混凝土的骨料和砂，材料得以充分利用。

三、冲填砂浆结石

冲填砂浆结石技术是采用压力水泥浆冲砂，依靠砂浆的冲击力和重力作用冲填已摊铺好的堆石体空隙实现砌筑。冲填砂浆结石技术是对浆砌石施工技术的创新改进，其巧妙利用浆液和砂子在下落过程中动态连续混合，冲填事先堆砌好的堆石体缝隙形成完整的结石体。这一技术改变浆砌石结构必须人工砌筑的历史，可广泛应用于坝体渗漏的处理及砌筑工程中。作为一项新型的施工技术，自其概念提出以来，在实际工程中也得到了一定的推广和应用，并得到了社会各界的广泛认可。

冲填砂浆结石技术作为一种新的施工方法，影响其冲填效果的因素主要有以下四点：

（1）砂浆的流动性。砂浆流动性的好坏决定着砂浆的填充性能。流动性良好的砂浆能够充分冲填骨料间的空隙，使结石体密实。若砂浆流动性较差，不能充分冲填骨料空隙，在结石体内部形成空隙，就会严重影响结石体的各项性能。

（2）砂浆的抗离析性。即使抗离析性和保水性好的砂浆冲填到堆石体内部后，也有离析和泌水的趋势。析出的自由水在结石体内部形成毛细管空隙或者富积在骨料下侧，形成局部高水灰比，降低堆石体与骨料黏结面间的界面过渡区性能。在宏观上，这会使结石体各项性能降低，严重影响冲填效果。

（3）砂浆强度。冲填砂浆结石技术中的堆石体强度一般远大于其砂浆强度，所以砂浆的强度成了堆石体强度的决定因素。一般要求所配制的砂浆强度高于结石体的强度。

（4）砂浆的黏结力。冲填砂浆结石体的性能与砂浆和堆石体间黏结力有密切联系，砂浆与结石体间的黏结性能取决于砂浆性能和堆石体的粗糙度。

四、胶凝砂砾石、堆石混凝土、冲填砂浆结石、混凝土的分类区别

胶凝砂砾石、堆石混凝土、冲填砂浆结石、混凝土四者区别的关键之处一是骨料区别，二是胶材用量的区别，更明确地说是胶材浆体用量的区别。堆石混凝土、冲填砂浆结石体和胶凝砂砾石的骨料来自于工程现场，原则上不进行筛分，骨料级配为多种组合。而混凝土的骨料是经过筛分调配的，级配大致固定。在胶材浆体的区别中，胶材浆体的含量和浓度决定了三者的差别，含量影响粗细骨料的包裹裕度，浓度影响胶结强度。

第二节　胶结颗粒料品质要求

一、砂砾石料的品质

(1) 砂砾石宜质地坚硬,其表观密度应不小于2450kg/m³。

(2) 砂砾石的最大粒径一般不宜超过150mm。

(3) 砂砾石含水率应相对稳定,拌和时其中砂子的含水率不宜大于6%。

(4) 砂砾石中的含泥量不宜超过5%,泥块含量不宜超过0.5%,并避免泥块集中。

(5) 砂砾石中粒径小于5mm的砂料含量宜在18%~35%,粗骨料中粒径为5~40mm的含量宜为35%~65%。

二、堆石料的品质

(1) 堆石材料应新鲜、完整、质地坚硬。堆石料粒径不宜小于300mm,当采用150~300mm粒径的堆石料时应进行论证;堆石料最大粒径不应超过结构断面最小边长的1/4。

(2) 堆石材料的饱和抗压强度宜满足表4-1要求。

表4-1　堆石料的饱和抗压强度要求

堆石混凝土的强度等级	$C_{90}10$	$C_{90}15$	$C_{90}20$	$C_{90}25$	$C_{90}30$	$C_{90}35$
堆石材料饱和抗压强度/MPa	≥30	≥40	≥50	≥60	≥70	

(3) 堆石料的含泥量、泥块含量应符合表4-2的指标要求。

表4-2　堆石料的含泥量、泥块含量指标

项目	含泥量	泥块含量
指标	≤0.5%	不允许

第三节　胶结颗粒料配合比设计

一、胶凝砂砾石

(一) 胶凝砂砾石配合比设计

(1) 胶凝砂砾石的配合比应满足工程设计的各项技术指标及施工工艺的要求,确保工程质量且经济合理。施工前应通过现场碾压试验验证胶凝砂砾石配合比的适应性。

(2) 胶凝砂砾石配合比设计可采用绝对体积法或容重法计算各组成材料用量。

(3) 胶凝砂砾石拌合物的 VC 值现场宜选用2~12s。机口 VC 值应根据料源和施工现场的气候条件变化,进行动态控制,宜为2~25s。

(4) 胶凝砂砾石设计抗压强度系指按照标准方法制作和养护的边长为150mm的立方体试件,在180d设计龄期用标准试验方法测得的具有80%设计保证率的极限抗压强度。

(5) 胶凝砂砾石试验方法参照《水工混凝土试验规程》(SL 352)中碾压混凝土试验的有关规定执行。

(6) 施工过程中，若需要更换原材料的品种或来源时，应提前通过试验调整配合比。

（二）胶凝砂砾石配制强度的确定

胶凝砂砾石配制强度按式（4-1）计算：

$$f_{cu,o} = f_{cu,k} + t\sigma \tag{4-1}$$

式中　$f_{cu,o}$——胶凝砂砾石的配制强度，MPa；

　　　$f_{cu,k}$——胶凝砂砾石设计龄期的强度标准值，MPa；

　　　t——概率度系数，依据保证率 P 选定，当 P 为 80% 时，其值为 0.84；

　　　σ——胶凝砂砾石抗压强度标准差，MPa。

（三）配合比设计参数的选取

(1) 胶凝材料：胶凝材料用量不宜低于 80kg/m³，其中水泥熟料用量不宜低于 32kg/m³。当低于以上值时应进行专门论证。

(2) 掺合料掺量：应根据水泥品种、水泥强度等级、掺合料品质、胶凝砂砾石设计强度等具体情况通过试验确定。当采用硅酸盐水泥、普通硅酸盐水泥、中热或低热硅酸盐水泥时，粉煤灰和其他掺合料的总掺量宜为 40%～60%。当采用矿渣硅酸盐水泥、火山灰质硅酸盐水泥、粉煤灰硅酸盐水泥、复合硅酸盐水泥时，粉煤灰和其他掺合料的总掺量宜小于 30%。

(3) 水胶比：应根据设计提出的胶凝砂砾石强度要求及砂砾石的特性确定水胶比，水胶比宜控制在 0.7～1.3。

(4) 砂率：胶凝砂砾石中砂率宜在 18%～35%。不满足要求时，可通过增加胶凝材料用量或通过掺配砂料或石料调整级配。

(5) 单位用水量：可根据胶凝砂砾石施工工作度（VC值）、砂砾石的种类和最大粒径及含砂量、外加剂等选定单位用水量。

(6) 灰浆裕度 α 和砂浆裕度 β：由用水、水泥、掺合料所组成的浆体（灰浆）应填满砂的所有空隙，并包裹所有的砂。由灰浆和砂组成的砂浆应填满石子的所有空隙，并包裹所有的石子。即灰浆裕度 α 和砂浆裕度 β 应不宜小于 1。

（四）配合比设计方法

(1) 设计阶段应按有关规范进行料场勘探和取样试验，试验项目包括颗粒分析、含水率、含泥量、泥块含量等。根据试验结果绘制砂砾石级配包络线，得到砂砾石最粗级配、最细级配及平均级配。

(2) 配合比试验用砂砾石，应剔除大于 150mm 粒径后，并将混合砂砾石筛分为 150～80mm、80～40mm、40～20mm、20～5mm 四个级配的粗骨料和 5mm 以下的砂。试验中分别称量、配制。

(3) 确定"配合比控制范围"。根据胶凝砂砾石配制强度，选择 2～3 个胶凝材料用量，在每个胶凝材料用量下，分别按最粗级配、最细级配和平均级配的砂砾石比例，在较宽范围内选取不同用水量进行强度试验，建立不同级配下 28d 龄期及设计龄期的抗压强度与用水量的关系，确定满足施工 VC 值要求的适宜用水量范围以及与之相对应的适宜强度范围，即"配合比控制范围"。

（4）根据不同胶凝材料用量下的"配合比控制范围"选定胶凝材料用量。该胶凝材料用量下，"配合比控制范围"中平均级配胶凝砂砾石设计龄期强度最小值应满足配制强度要求，同时"配合比控制范围"中最细级配胶凝砂砾石设计龄期强度最小值不得低于设计强度。

（5）应进行450mm立方体试件胶凝砂砾石抗压强度试验，得出不同龄期的450mm立方体与150mm立方体抗压强度的比尺效应系数及强度增长率，大试件设计龄期抗压强度低于标准立方体试件的50%时，设计抗压强度标准值应做进一步论证。

（五）胶凝砂砾石材料性能

(1) 胶凝砂砾石抗压强度标号应按180d龄期150mm立方体极限抗压强度标准值确定，共分为4级，即$C_{180}4$、$C_{180}6$、$C_{180}8$、$C_{180}10$。

(2) 胶凝砂砾石强度标准值可参照表4-3采用。

表4-3　　　　　　　　胶凝砂砾石强度标准值

强度种类	胶凝砂砾石强度标号			
	$C_{180}4$	$C_{180}6$	$C_{180}8$	$C_{180}10$
抗压强度/MPa	4.0	6.0	8.0	10.0
抗拉比	0.070～0.085			

(3) 胶凝砂砾石的表观密度、弹性模量、抗渗、热学等其他性能参数，可通过试验确定。

二、堆石混凝土

（一）高自密实性能混凝土的配合比设计方法

(1) 高自密实性能混凝土配合比设计宜采用绝对体积法，合理设计各种成分的体积比例。

(2) 对于抗离析性不足的混凝土，可通过增加粉体材料用量或者使用增黏剂的方法改善抗离析性。

(3) 高自密实性能混凝土的强度受水胶比影响，其自密实性能受水粉比影响，在进行配合比调整时应分别考虑。

（二）高自密实性能混凝土配合比设计参数的选取

(1) 高自密实性能混凝土中粗骨料体积比宜为0.27～0.33。

(2) 高自密实性能混凝土用水量宜为170～200kg/m³。

(3) 水粉比根据粉体的种类和掺量有所不同。按体积比宜取0.80～1.15。

(4) 高自密实性能混凝土粉体量体积比宜为0.16～0.20。

(5) 高自密实性能混凝土的含气量宜为1.5%～4.0%。有抗冻要求时应根据抗冻性确定。

(6) 外加剂掺量应根据所需的专用自密实混凝土性能经过试配确定。

（三）高自密实性能混凝土的性能指标

(1) 高自密实性能混凝土的工作性能可采用坍落度试验、坍落扩展度试验、V形漏斗试验和自密实性能稳定性试验检测，其指标应符合表4-4的要求。

表 4-4　　　　　　　　　　高自密实性能混凝土的性能指标

检测项目	坍落度/mm	坍落扩展度/mm	V形漏斗通过时间/s	自密实性能稳定性/h
指标	260～280	650～750	7～25	≥1

(2) 高自密实性能混凝土强度等级宜不低于堆石混凝土设计强度等级。

(3) 高自密实性能混凝土的弹性模量、长期性能和耐久性等其他性能，应符合设计或相关标准的要求。

第四节　胶结颗粒料施工

一、胶凝砂砾石施工

（一）拌和与运输

（1）胶凝砂砾石拌制应采用搅拌设备。宜采用大产量、高效率的连续式搅拌设备。拌合设备的称量系统应灵敏、精确、可靠，并应定期检定，满足生产过程中的称量精度要求。

（2）胶凝砂砾石的投料顺序、拌和量、拌和时间，应通过现场生产性试验确定。

（3）应定期进行砂砾石的级配和含水率试验，根据试验结果和现场实际情况，及时调整拌和配料和用水量。

（4）对胶凝砂砾石拌和应全过程进行监控，并按规定进行抽样检验。

（5）胶凝砂砾石宜采用自卸卡车、输送机、装载机等运输。设备使用前应进行全面检查和清洗。

（6）运输车辆行走的道路宜平整，距入仓口宜有一定长度的车轮脱水路段。

（7）在仓面行驶的施工车辆应避免急刹车、急转弯等有损胶凝砂砾石层面质量的操作。在特别容易被车辆压毁的层面处宜设置钢板或者橡胶垫保护。

（8）在转运或卸料时，胶凝砂砾石自由落差不宜大于1.5m，并应有防止滚石伤害的措施。

（二）卸料与平仓

（1）胶凝砂砾石宜采用通仓、连续铺筑法。铺筑面积应与铺筑能力及胶凝砂砾石允许层间间隔时间相适应，当无法满足要求时，应进行缝面处理。

（2）施工缝面在铺砂浆前，应清除二次污染物，铺浆后应立即覆盖胶凝砂砾石。

（3）摊铺厚度应由碾压工艺生产性试验确定。若压实厚度较大时，每个碾压层可分2～3次平仓铺筑，但每层厚度应大于砂砾石最大粒径的1.2倍。

（4）采用自卸卡车直接进仓卸料时，宜依次卸料。卸料堆边缘与模板距离不应小于1.2m。

（5）平仓设备宜采用推土机、平仓机，也可采用装载机、反铲挖掘机。边角部位宜采用小型挖掘机或人工平仓。

（6）卸料堆旁出现的分离石料，应将其分散到未碾压的条带上，防止大石集中、叠合。

（三）碾压

(1) 碾压厚度及碾压遍数应经现场碾压生产性试验确定。碾压厚度应不小于最大石料粒径的3倍，且最大厚度不宜超过700mm。

(2) 振动碾的行走速度宜控制在1.0～1.5km/h。

(3) 碾压方向宜垂直于水流方向。碾压条带间的搭接宽度宜为0.3～0.4m，端头搭接长度宜为1m。

(4) 碾压作业过程中，作业面应通过人工补充细料找平。

(5) 每层碾压作业结束后，应及时布点检测表观密度，所测表观密度低于规定指标时，应立即补充碾压和重新检测，并查找原因，采取改进措施。

(6) 需作为水平施工缝的层面，达到规定的碾压遍数及压实表观密度后，宜进行1～2遍的无振碾压。

(7) 各种设备在碾压完毕的层面上行走时，应避免损坏已成型的层面。对已造成损坏的层面，应及时采取修补措施。

(8) 胶凝砂砾石入仓后，应尽快完成平仓和碾压，从加水拌和到碾压完毕的最长允许历时，应根据不同季节、天气条件及胶凝砂砾石特性，经过试验来确定。

(9) 河床基岩接触部位、坝肩接触部位采用加浆振捣胶凝砂砾石或富浆胶凝砂砾石时，宜采用高频振捣器振捣、小型振动碾碾压或夯实机人工夯实。边坡边角部位的施工，应确保上、下游坝面的坡、角以及周围结构充分压实。富浆胶凝砂砾石、加浆振捣胶凝砂砾石应随着胶凝砂砾石填筑逐层施工。加浆振捣胶凝砂砾石灰浆宜洒在新铺胶凝砂砾石的底部和中部，灰浆用量应经试验确定，富浆胶凝砂砾石、加浆振捣与相邻区域的搭接宽度应大于300mm。

（四）层面处理

(1) 连续上升铺筑时，层间间隔时间应控制在直接铺筑允许时间以内。超过直接铺筑允许时间的层面应加垫层，超过加垫层铺筑允许时间的层面即为冷缝。

(2) 直接铺筑允许时间和加垫层铺筑允许时间，应根据工程要求，综合考虑拌合物初凝时间确定。

(3) 施工缝和冷缝应进行缝面处理，处理合格后方可加垫层继续施工。缝面处理应清除硬化缝面的浮浆及松动骨料，冲洗干净。

(4) 缝面处理完成并经验收合格后，应先铺垫一层砂浆或灰浆等垫层拌合物，再铺筑上一层胶凝砂砾石。砂浆垫层厚10～15mm，强度等级比胶凝砂砾石高一级，砂浆应与胶凝砂砾石一样逐条带摊铺，并应在规定时间内将上层胶凝砂砾石碾压完毕。

(5) 胶凝砂砾石层边缘部位应做专门处理，宜碾压成1∶4的斜坡面，恢复施工后将坡脚处厚度小于150mm的部分切除。

(6) 因降雨或其他原因造成施工中断时，应及时对已摊铺的胶凝砂砾石进行平仓碾压。恢复施工时，应对结合面进行处理。

（五）特殊气象条件下的施工

(1) 施工期间应加强气象预报信息的收集工作，及时了解雨情和气温情况，妥善安排施工进度。

（2）小雨时，可采取措施继续施工；出现中雨时，应停止拌和，迅速完成尚在进行的卸料、平仓和碾压作业，并对仓面采取防雨保护和排水措施。

（3）恢复施工前，尚未被振实而已初凝的胶凝砂砾石应清除，并按有关规定进行层面处理。

（4）日平均气温高于25℃时，应缩短层间间隔时间。宜采取防高温、防日晒和调节仓面局部小气候等措施。

（5）日平均气温连续5d稳定在5℃以下时或最低气温连续5d稳定在－3℃以下时，应采取低温施工措施。气温骤降时，宜对胶凝砂砾石表面进行覆盖保温。气温在－10℃以下时不宜施工。

（六）养护应遵守的规定

（1）施工过程中，仓面应保持湿润。光照强烈或大风干燥时，应进行喷洒细水雾进行表面水分补偿或篷布覆盖，保持表面不发白。温度较低时，可用养护垫子覆盖，防止胶凝砂砾石冻结。

（2）正在施工和刚碾压完毕的仓面，应防止外来水流入。

（3）在施工间歇期间，胶凝砂砾石终凝后即应开始保湿养护。对施工缝，养护工作应持续到上一层胶凝砂砾石开始铺筑为止；对永久暴露面，养护时间不宜少于28d，有特殊要求的部位宜适当延长养护时间。

二、堆石混凝土施工

（一）堆石的运输与入仓

（1）堆石成品宜采用自卸汽车直接入仓，也可采用吊车、缆车等其他方式入仓，不宜周转。

（2）为避免车轮带入泥土，应在入仓道路上设置冲洗台，对车轮进行冲洗。

（二）堆石施工

（1）分层厚度应经现场生产性试验确定，最大厚度不宜超过2m。

（2）堆石宜采用挖掘机平仓，靠近模板部位的堆石宜人工堆放。

（3）在堆石施工过程中，堆石体外露面所含有的粒径小于200mm的石块数量不得超过10块/m^2，且不应集中。

（三）高自密实性能混凝土的生产

（1）高自密实性能混凝土应采用强制式搅拌机进行拌和，与生产常态混凝土相比应适当延长搅拌时间。

（2）生产过程中应测定骨料的含水率，每一个工作班应不少于2次。当含水率有显著变化时，应增加测定次数，并依据检测结果及时调整用水量及骨料用量，不得随意改变配合比。

（四）高自密实性能混凝土的运输

（1）高自密实性能混凝土运输应使用混凝土搅拌车，运输速度应保证堆石混凝土施工的连续性。

（2）运输车在接料前应将车内残留的其他品种的自密实混凝土清洗干净，并将车内积水排尽，运输过程中严禁向车内的自密实混凝土加水。

(3) 高自密实性能混凝土的运输时间应满足规定要求，未作规定时，宜在 1h 内卸料完毕。高自密实性能混凝土的初凝时间应根据运输时间和现场情况加以控制，如需延长运送时间，应采用相应技术措施，并应通过试验验证。

(4) 卸料前搅拌运输车应高速旋转 1min 以上方可卸料。

(5) 在高自密实性能混凝土卸料前，需对高自密实性能混凝土扩展度进行调整时，应加入经试验确定的高性能减水剂，高自密实性能混凝土搅拌运输车应高速旋转 3min，使高自密实性能混凝土均匀一致，经检测合格后方可卸料。调整后，如仍不能满足性能要求，应及时处理。

(五) 高自密实性能混凝土的浇筑

(1) 混凝土浇筑时应考虑结构的浇筑区域、范围、施工条件及混凝土拌合物的品质，并选用适当机具与浇筑顺序、方法。

(2) 混凝土浇筑前必须检查模板及支架、预埋件等的位置、尺寸，确认正确无误后，方可进行浇筑。

(3) 堆石混凝土表面外观有较高要求的部位，可在浇筑时辅助敲击模板外侧。

(4) 当采用泵送入仓时，应根据试验结果及施工条件，合理确定混凝土泵的种类、输送管径、配管距离等，并应根据试验结果及施工条件确定混凝土的浇筑速度。

(5) 混凝土的泵送和浇筑应保持其连续性，当因停泵时间过长，混凝土不能达到要求的工作性时，应及时清除泵及泵管中的混凝土，重新配料。

(6) 对现场浇筑的混凝土要进行监控，运抵现场的混凝土自密实性能不满足要求时不应施工，并采取经试验确认的可靠方法调整自密实性能。

(7) 浇筑时的最大自由落下高度不宜超过 5m。

(8) 混凝土浇筑点应均匀布置，浇筑点间距不宜超过 3m。在浇筑过程中应遵循单向逐点浇筑的原则，每个浇筑点浇满后方可移动至下一浇筑点浇筑，浇筑点不应重复使用。

(9) 浇筑时应防止模板、预埋件等的移动和变形。

(10) 当分层连续浇筑混凝土时，应在下一层混凝土初凝前将上一层混凝土浇筑完毕。

(六) 浇筑层面的处理

(1) 堆石混凝土收仓时，除达到结构物设计顶面以外，高自密实性能混凝土浇注宜使适量块石高出浇筑面 50～150mm，同时高自密实性能混凝土浇筑顶面可不采用人工平整，以加强层面结合。

(2) 堆石混凝土抗压强度达到 2.5MPa 以前，不应进行下一仓面的准备工作。

(3) 对有防渗要求的堆石混凝土，施工水平缝应进行凿毛或冲毛处理。

(4) 垫层混凝土上部与堆石混凝土结合的仓面，在垫层混凝土初凝前应埋入适量石块，石块露出浇筑面的高度宜为 50～150mm 且不超过自身高度的 1/3，并确保埋入石块及其周边混凝土的密实。

(七) 堆石混凝土雨季施工

(1) 已经完成的堆石仓面应有防雨措施。

(2) 中雨以上的雨天不应新开堆石混凝土浇筑仓面。遇到小雨时，可采取措施继续施工；遇到中雨时，应停止施工，并对仓面采取防雨保护和排水措施。

(八) 堆石混凝土缺陷处理

(1) 高自密实性能混凝土浇筑中断 4h 以上时,应首先浇筑同配合比的自密实砂浆,使其完全覆盖堆石体内已丧失流动性的混凝土表面,然后浇筑高自密实性能混凝土。

(2) 对已硬化的堆石混凝土内部的缺陷,可采用水泥灌浆的方式进行处理。

(3) 堆石混凝土表面有成型要求或仅采用高自密实性能混凝土替代常态混凝土结构时,若出现缺陷应进行及时处理。

第五章 沥青混凝土防渗墙施工技术

第一节 沥青混凝土概述

一、沥青混凝土防渗墙在土石坝工程中的应用

在世界坝工史上，土石坝防渗体大多采用黏土、混凝土、钢筋混凝土或钢板等材料建造，由于这些材料有时受料源、造价以及能否适应坝体的沉陷变形等经济、技术条件的限制，因而采用这些材料作为防渗体只能在一定的条件下才能取得良好的技术经济效果。20世纪20年代，德国的阿姆克尔（Amecker）坝开始采用黏土心墙作为防渗体建造，由于坝体出现渗漏，为了堵漏，1934年在1：2的坝体上游坡面铺筑了6cm厚的沥青混凝土防渗层，这就是世界上最早修建的沥青混凝土面板坝。采用沥青混凝土防渗墙作为防渗体的最具代表性的土石坝工程是1937年阿尔及利亚建成的高58m的格里布（Ghrib）沥青混凝土斜墙坝（上游坡度为1：0.7），该坝于1957年进行了全面的检查和鉴定，鉴定结果充分肯定了沥青混凝土斜墙的可靠性和耐久性。

沥青混凝土防渗墙具有结构简单、工程量小、施工速度快、防渗性能安全可靠等优点。沥青混凝土防渗斜墙和沥青混凝土防渗心墙是其典型的结构型式。沥青混凝土具有很好的防渗性能、较好的塑性和柔性，能适应坝体的沉陷变形，对已产生的裂缝还有一定的自愈能力。沥青混凝土的渗透系数一般为 $10^{-11} \sim 10^{-7}$ cm/s，有时甚至可以做到密不渗水。因此，沥青混凝土防渗墙是一种结构更为安全合理的防渗形式。

沥青混凝土防渗斜墙的断面构造是由封闭层、防渗面层、排水层、防渗底层及整平胶结层组成，通常称为复式断面构造。其特点是可以有效地监测斜墙的渗水情况，保证工程的安全运行。随着施工技术的发展，沥青混凝土斜墙的可靠性进一步提高，不设排水层和防渗底层的简式断面结构在水利工程上逐渐使用，其施工方法是采用多层铺筑以提高防渗层的防渗效果。如美国1957年建成的蒙哥马利（Montgomery）坝、挪威1963年建成的威尼莫（Venemo）坝的防渗层分三层铺筑；西德1969年建成的格兰（Grane）坝、1970年建成的尼达（Nidda）坝的防渗层则分两层铺筑。随着施工机械的改进，施工技术水平的提高，防渗层采用一次铺筑的无缝铺筑方法开始使用，如西德累奇（Lech）发电厂坝12cm厚防渗层采用一次铺筑完成，简化了施工，节省了材料，改善了斜墙的稳定性。日本自1968年建成大津歧沥青混凝土斜墙坝以来，先后建成东富士蓄水池、深山坝、津川发电所上池、沼原发电所调节池等大型工程。我国水工沥青混凝土防渗技术应用则经历了由地方小型工程发展到国家大型工程的阶段，施工方法由人工、半机械化施工发展成为机械化施工，理论研究和工程实践均取得了明显进展，如20世纪50年代甘肃玉门和新疆奎屯等地区将沥青混凝土用于渠道衬砌，上犹江水电站混凝土坝上游面应用沥青砂浆防渗层，20世纪70年代黑龙江三道镇和吉林上河湾等水库采用了渣油混凝土护坡，陕西正岔、

石砭峪水库、北京半城子、湖北车坝一级水库、辽宁十二台子、河北抄道沟、云南黄龙、河南南屿洞、浙江牛头山水库、桥墩水库、天荒坪抽水蓄能电站上池等沥青混凝土防渗墙（或面板）的施工，有力地促进了我国水工沥青混凝土施工技术水平的提高和专业化施工队伍的建设。

第一座沥青混凝土防渗心墙坝是建于1949年的葡萄牙瓦勒·多·盖奥（Vale-de-Gaio）坝。由于心墙设置在坝体内部，运行期间不易检查，如发生渗漏则不易处理，因而沥青混凝土心墙坝的发展比斜墙坝迟缓。但正因为心墙处于坝体内部，受到坝壳料的保护，抗震能力提高，而且心墙受温度的影响较小，适应基础和坝体变形的能力较好，通常基础处理的工作量也比较小，再加上心墙施工工艺比斜墙施工工艺简单，只要在施工过程中严格控制心墙施工的各环节，沥青混凝土防渗心墙的可靠性是有保证的，尤其是在高土石坝中采用沥青混凝土心墙防渗比较有利。我国从1972年在吉林省安图县白河302号水电站掺配沥青混凝土防渗心墙堆石坝建成以后，又先后在吉林省设计建造了图们市东林水库、临江市聚宝水电站、在黑龙江省设计建造了逊克县库尔滨水库、逊克县宝山水电站、黑河市西沟水电站、黑河市象山水电站、黑河市富地营子水库、五大连池市山口水利枢纽、呼玛县团结水库，在辽宁省设计建造了喀左县郭台子水库、大连市碧流河水库、甘肃省党河水库、北京市平谷县杨家台、河北省隆化县二道弯、新疆维吾尔自治区托里县多拉特水库、鄯善县卡尔其水库、乌鲁木齐县照壁山水库、长江三峡水利枢纽茅坪溪防护坝、四川省冶勒水电站、嫩江尼尔基水利枢纽、香港高岛水库等工程修建了碾压式或浇筑式沥青混凝土心墙坝，最大坝高达105m。这些工程的建设，使我国的工程技术人员积累了大量的设计、施工经验，尤其是长江三峡水利枢纽茅坪溪防护坝沥青混凝土心墙工程以及嫩江尼尔基水利枢纽主坝沥青混凝土防渗心墙工程引进了国外水工沥青混凝土施工设备，工程施工工艺水平和机械化施工程度均达到了国际先进水平，培养了一批沥青混凝土施工的专业技术人才，为我国在这一技术领域内迅速赶上国际先进水平提供了有利的条件。

二、沥青混凝土的分类和施工方法

将沥青、骨料与填料等原材料加热并按适当比例配合、拌和均匀成沥青混凝土混合料，沥青混凝土混合料经过铺筑密实（碾压密实、振捣密实或自密实）、冷却后即为沥青混凝土。沥青混凝土是一种对温度较为敏感的材料，低温下具有脆性材料的性质，高温下又表现出明显的黏弹性或塑性材料的性质。沥青混凝土的性质不仅随温度变化，而且还与工作条件、所用原材料的特性、配合比以及施工质量等因素有关。因此，在沥青混凝土防渗墙的设计和施工过程中，必须充分考虑到这些特点。

（一）沥青混凝土的分类

(1) 沥青混凝土按最大骨料粒径分为粗粒石沥青混凝土（最大粒径35mm）、中粒石沥青混凝土（最大粒径25mm）、细粒石沥青混凝土（最大粒径15mm）、砂质沥青混凝土（也称沥青砂浆，最大粒径5mm）等。

(2) 沥青混凝土按用途分为道路沥青混凝土、水工沥青混凝土等。在水利工程中，沥青混凝土主要用于堤岸护坡、渠道衬砌、水工结构物的防冲护面、土石坝和蓄水池的防渗结构等。

(3) 沥青混凝土按孔隙率分为密级配沥青混凝土（孔隙率小于5%）、开级配沥青混凝土（孔隙率为5%～15%）、沥青碎石（孔隙率大于15%）。密级配沥青混凝土中细骨料、填料用量多，沥青用量也较高，质地较为均匀密实，通常用作防渗材料；开级配沥青混凝土和沥青碎石具有较大的孔隙率，主要用作整平胶结层和排水层材料。

(4) 沥青混凝土按施工工艺分为碾压式沥青混凝土、浇筑式沥青混凝土等。碾压式沥青混凝土须经摊铺、碾压等工艺成型；浇筑式沥青混凝土又分为振捣式沥青混凝土和自密实沥青混凝土，振捣式沥青混凝土的沥青用量略大于碾压式沥青混凝土，需要采用特殊的振捣设备才能达到密实的效果；自密实沥青混凝土的沥青用量最大，混合料流动性好，浇筑后可以自密成型。目前这几种沥青混凝土在水利工程中均已得到应用。

(二) 沥青混凝土的施工方法

沥青混凝土的施工方法有热法施工和冷法施工两种形式。热法施工是将原材料加热后按一定比例进行计量拌和，在沥青混凝土混合料具有适当黏度（或和易性）的温度条件下进行入仓摊铺、压实或浇筑密实成型；冷法施工是采用乳化沥青配制冷沥青混凝土混合料，在常温条件下通过脱水（如蒸发等）密实成型。目前我国沥青混凝土防渗墙工程主要采用热法碾压施工和热法浇筑（含振捣）施工。至于冷法施工，国外在气候适宜的地区已采用阳离子乳化沥青来建造防水层，取得了成功经验，我国在道路工程中正在大力推广应用，但水利工程目前仍处于试验阶段，其主要原因是防渗层采用冷法施工后，冷沥青混凝土内部残余水分蒸发后形成的孔隙较多，造成防渗层沥青混凝土的渗透系数过大，达不到防渗工程规定的技术要求，需要从开发特殊的外加剂、优化沥青混凝土材料的配合比以及改进冷法施工工艺等方面开展深入研究，才能使冷法施工在水利工程中得到广泛应用。

第二节　沥青混凝土原材料

一、沥青

沥青材料是一种有机胶凝材料，是由一些极其复杂的高分子碳氢化合物及其非金属衍生物（氧、氮、硫等）组成的混合物，沥青分为地沥青和焦油沥青两大类。

地沥青按产源分为天然沥青和石油沥青，天然沥青是石油渗入地表经长期暴露和蒸发后的残留物，以中美洲的特里尼达（Trinidad）沥青湖产量最为丰富，我国新疆地区也有一定的沥青矿储量，但因开采困难而没有形成生产规模，目前在工程上很少使用。石油沥青是将精制加工石油后残余的渣油经适当工艺处理后获得的产品。根据处理工艺的差异分为直馏沥青、氧化沥青、裂化沥青、溶剂脱沥青及调和沥青等。

焦油沥青是将煤、木材等有机物干馏后产生的焦油再进行适当加工后获得的产品，焦油沥青在水工沥青混凝土中较少应用。为此，本书着重介绍石油沥青的基本性能。

(一) 石油沥青的化学组成

石油沥青是由复杂的碳氢化合物与其非金属衍生物组成的混合物，是石油中分子量最大、密度最大和结构最复杂的成分。出于分析技术的限制，要将沥青中各种化合物的单体分别分离出来，目前还很难办到。但元素分析试验结果表明，目前很难找出石油沥青的化学成分与工程技术性质的直接关系。因而只能利用沥青对不同有机溶剂的选择性溶解和对不同吸附剂的选择性吸附的特性，将一些化学性质和胶体结构相近的化合物分离出来，称之为组分。沥青组分分析的方法很多，如果分离条件不同，所得组分的性质及数量亦随之改变。根据国产沥青的特点，目前我国多将沥青分为以下组分。

1. 油分

油分为黏性液体，相对密度小于1，分子量为300～600，是沥青中分子量最小的组分。油分含量因沥青种类而异，道路沥青的油分含量一般为40%～50%，建筑沥青的油分含量较少。油分主要起柔软和润滑的作用，赋予沥青以流动性，是优质沥青不可缺少的组分。

2. 胶质

胶质为半固体黏稠物质，相对密度略大于1，分子量为600～1000或更大些。其性质介于油分与沥青质之间，但更近于沥青质。胶质能溶于各种石油产品中，化学稳定性差，在加热、阳光与空气作用下易氧化缩合，部分转变为沥青质。但不同来源的胶质，氧化生成沥青质的趋势有很大的差别。胶质是沥青中的强极性组分，能提高沥青的黏附性，而且对沥青的黏弹性和胶体溶液的形成具有重要的作用。因此，优质沥青必须具有适量的胶质组分。

3. 沥青质

沥青质为黑色易碎的粉状固体，相对密度大于1，分子量通常大于1000。沥青质没有固定的熔点，加热到300℃以上可以分解成气体和焦炭。沥青质含量一般为10%～20%，作为胶体溶液的核心分散在其他组分中。沥青质的含量增多可以提高沥青的软化点、改善感温性，使沥青在较高温度下仍具有较大的黏度。因而沥青质也是优质沥青必不可少的组分。

4. 蜡

蜡与油分均为低分子烷烃。含蜡油经稀释、冷冻、结晶、过滤后，固体部分为蜡，液体部分为油分。石油中的蜡按其物理性质又分为石蜡和地蜡。地蜡是微晶蜡，坚韧且有一定的塑性，石蜡则性脆易裂，因此蜡对沥青使用性质的影响极其复杂，至今尚无一致意见。虽然有人认为沥青的质量与含蜡量没有直接关系，但这一论点未被普遍接受。现西欧许多国家对沥青的含蜡量仍有限值的规定，而且是沥青价格的主要参考指标之一。通常认为地蜡对沥青的质量影响不大，但是加石蜡对沥青的质量影响较大，主要是使沥青的针入度增大，软化点、延度以及黏附性降低，在低温下容易造成沥青开裂。

（二）石油沥青的胶体类型

为了对沥青的物理力学性质作出合理的解释，通常将沥青视为以油分为分散介质，以沥青质吸附胶质后形成的胶团组成的胶体体系。按胶体状态可将沥青分为3种类型。

1. 溶胶型

当沥青质含量较少而分子量又与胶质相近时，虽然有胶团形成，但数量少且在油分中高度分散，近似于真溶液，故成为溶胶型胶体，它服从牛顿定律，在很小的剪应力作用下即可发生流动变形。溶胶型沥青对温度很敏感，高温下是黏度很小的液体，低温下溶液黏度增大、流动性降低，故性质较脆，在相同软化点时，其针入度值最大。由芳香基石油炼制的石油沥青多属于此种类型。

2. 凝胶型

当沥青质含量较多且无足够的油分时，分散介质的溶解能力不足，将生成较大的胶团，由于分子的聚集而形成网状结构，成为凝胶型胶体，表现出非牛顿液体的性质。凝胶结构具有结构黏度，当施加较小荷载时，在一定时间内具有弹性变形，并几乎可完全恢复。当荷载增大超过屈服值或延长载荷时间，将出现不能完全恢复的变形和黏性变形。

在沥青加热过程中，随着温度的升高，油分的溶解能力增大，沥青质的吸附能力降低，胶团核心的沥青质吸附的胶质将逐渐消失于油分中，从而转变为近似真溶液（即牛顿液体）。凝胶型沥青的感温性小，其黏度受温度的影响也比较小。氧化建筑沥青属于此种类型。

3. 溶胶-凝胶型

当沥青质含量适宜并具有较多的胶质时，沥青中形成的胶团相距较近，胶团之间具有一定的吸引力，但这种吸引力又不足以形成连续的网状结构，如果将它们分开则需要一定的外力，这种介于溶胶和凝胶之间的胶体结构称为溶胶-凝胶结构。大多数优质道路沥青属于此种类型。

二、骨料

（一）骨料的特性及其作用

沥青混凝土防渗心墙在碾压施工过程中承受较大的动荷载，在浇筑施工和运行过程中承受的荷载较小，主要是自身荷载和来自坝体的挤压力。因此，对沥青混凝土来说并不需要较高的强度，其骨架结构只要能够承受施工荷载的作用而不致颗粒破碎就可以了。但为安全起见，水工沥青混凝土的骨料宜采用质地坚硬、性质稳定的岩石加工而成，当采用天然卵石加工碎石时，卵石的粒径宜为碎石最大粒径的 3 倍以上；若需用小卵石、砾石作粗骨料，应通过试验作充分论证。骨料的骨架结构特性取决于骨料的质地、颗粒组成、密实度（或空隙率）及内摩擦力等指标，在骨料的质地确定后，骨料的加工方法将直接影响骨料的形状和颗粒分布，进而影响骨料的堆积密度。因此，骨料加工设备应以反击式碎石机设备为宜，因为这种设备加工出来的骨料不仅针片状颗粒含量较少，而且颗粒形状较好，这有利于骨料堆积密实度的提高，进而降低沥青混凝土的填料和沥青用量，提高沥青混凝土的热稳定性。此外，如果骨料表面不洁净或性质不稳定，在骨料烘干、加热（一般不超过 200℃）和配制沥青混凝土混合料时就会降低骨料表面与沥青之间的黏附性。表面洁净且性质稳定的骨料黏附性主要取决于沥青与骨料界面之间产生的物理化学作用。由于大多数矿物如氧化物、碳酸盐、硅酸盐（滑石、石棉除外）、云母、石英等均属于亲水性的材料，在潮湿状态下它们的表面不能被沥青所浸润。在干燥高温下，沥青可以浸润矿料表面并裹覆成膜，如果沥青与矿料之间仅有分子力的作用，就只存在物理吸附，其黏附力较小。当沥青与矿料表面形成新的化合物时，就产生了化学吸附，如果新生成的化合物又是难溶的，由于化学键的出现，沥青与矿料之间不仅有较大的黏附力，而且抗水能力也将大为改善。酸性岩石（SiO_2 含量大于 65% 的岩石）与沥青之间主要是物理吸附作用，故黏附性较差。碳酸盐或碱性岩石可以与沥青中的表面活性物质（酸性胶质或其他表面活性掺料）产生化学吸附，故能较好地相互黏附。因此，水工沥青混凝土的矿料，一般多采用碳酸盐或碱性岩石制成。石英砂与沥青的黏附性较差，但用作细骨料的天然砂，由于其表面常包有一层铁、铝和其他金属化合物，使其黏附性能大大改善，而碎石及细骨料的黏附力，则主要取决于岩石的矿物成分和化学性质。当需用酸性或中性岩石时，必须有充分的试验论证，研究是否需要对酸性骨料进行适当的技术处理，否则会造成酸性骨料沥青混凝土在短期内出现严重的剥蚀或破坏现象。室内外的试验成果表明，在酸性骨料沥青混凝土中掺加适量的消石灰、硅酸盐水泥、电石渣、三氯化铁、煤焦油、聚酰胺等，作为防剥离剂可明显提高酸性骨料与沥青的黏附性能。由于影响酸性骨料黏附性的因素较复杂，对防剥离剂的作用机理和掺加工艺还有待进一步探讨和改进，因此工程上对酸性骨料的利用仍持较慎重态度。

沥青和骨料的黏附性的本质是两种材料的界面亲和力，这种亲和力是指表面张力、范德华力、机械附着力及化学反应引力，沥青和骨料之间的黏附性差是因为沥青和骨料之间的界面亲和力小于骨料与水之间的界面亲和力，由于水的极性很强，骨料表面的沥青能被水置换。石英类材料由于硅的含量很高，表面带有弱的负电荷，它与水分子中的氢离子能以氢键的方式结合，由于这类材料与沥青的结合主要依靠相对较弱的范德华力，此种结合力比水分子与硅的极性吸引力小得多，水更容易穿透沥青达到骨料表面将骨料与沥青分开；对于石灰岩材料，它与沥青的吸附作用主要是化学吸附力，而这种力是远远大于骨料与水分子的亲和力的。用煮沸法测定的骨料岩性与沥青的黏附性试验结果如下：

（1）岩石与沥青的黏附性与岩石矿物组成、结晶大小、排列方向、结构型式等有关。岩浆岩的黏附性随 FeO、MgO、CaO 等氧化物含量的增大而提高，随 SiO_2 含量的增大而降低，随 Na_2O、K_2O 含量的增多而降低。

（2）岩浆岩风化后，表面可能部分高岭土化（如凝灰岩）、蒙德石化（如玄武岩）、水云母化（如云母）、绿泥石化（如角闪石）、蛇纹石化（如橄榄石）。对原来黏附性较好的岩石，风化后黏附性将有所降低，但对原来黏附性就较差的岩石，风化后黏附性反而会有所提高。通常可以认为，对于酸性岩石（如花岗岩）、中性岩（如正长岩），经轻微风化后其黏结性将有所改善，而对基性岩（如辉长岩）、超基性岩（如橄榄岩）则有所降低。

（3）以 CaO、MgO 为主要成分的沉积岩，与沥青的黏附性好，但随 SiO_2 含量的增加而降低，SiO_2 含量达 50% 时，黏附性显著降低。同类灰岩的黏附性主要受岩石密度和孔隙率大小的影响，孔隙多的，由于沥青的渗入可使沥青膜黏附牢固。

（4）变质岩以铁、镁、钙含量高的硅酸盐类矿物和碳酸盐类矿物所组成的岩石的黏附性最好，其中有蛇纹岩、绿泥石片岩、滑石片岩、千枚岩、钙质板岩、大理岩、白云岩等。而石英片岩、云母石英片岩、花岗片麻岩、石英岩则最差。

（5）将岩石在 160℃ 的沥青中浸渍后，切片用偏光显微镜观察，可以发现在岩石内部的矿物节理及颗粒表面、胶结质中有淡黄色的渗入物，渗入深度与矿物成分、节理发育的程度、胶结质孔隙的性状有关。这些渗入物经水煮 30min 亦不脱落，可能已形成稳定的难溶盐类，改善黏附性。

水工沥青混凝土施工规范对骨料与沥青的黏附性用以下指标表示：粗骨料与沥青的黏附力、细骨料的水稳定等级。评定指标的试验方法均已定型，我国一直采用这两个指标进行骨料与沥青的亲和性能的评定。但这两个指标的提出也存在一些问题：一是试验指标只反映了沥青与骨料结合性的短期效应,沥青混凝土长期耐久性如何这一指标仍无法反映;二是试验方法没有根据水工沥青研制技术的发展得到改进,过去我国沥青生产技术水平不高,沥青质量很差,用这两项指标可以评定它与骨料的结合情况,但随着沥青加工技术的发展,水工沥青质量越来越好,最显著的指标是沥青含蜡量大幅度降低,沥青与骨料的黏附力靠现有的两个指标无法客观评定。例如,规范要求粗骨料与沥青的黏附力不小于四级,而硅质天然卵石与克拉玛依水工沥青和中海水工沥青的黏附力均为五级。因此,沥青与骨料的黏附性评定及检验方法是需要进一步研究的课题。

采用多孔矿料时,由于沥青渗入孔隙内部,使黏附性得到显著改善,但应注意到矿料孔隙对沥青选择性吸附的影响。微孔结构的矿料具有极大的吸附势能,在矿料表面吸附着沥青质,微孔中吸收胶质,而油分则渗入微孔的深处。选择性吸附的结果将大大改变沥青的性质,使其强度、热稳定性等提高,塑性降低,从而表现出硬化的倾向。对粗孔结构的矿料,由于吸附势能低,沥青主要是向粗孔内部渗透,选择性吸附的影响甚小,虽然要增加沥青用量,但对其性质没有明显的影响。

(二)骨料的技术要求

《水工沥青混凝土施工规范》(SD 514—2013)要求粗骨料宜采用碱性岩石加工而成。当需用酸性或中性岩石时,必须有充分的试验论证。酸性骨料指用酸性岩石制成的骨料,苏联《道路沥青混凝土稳定性的研究》中指出,SiO_2 含量大于 65% 的岩石为酸性岩石。我国目前尚无明确的标准,一般认为碱度模数 $[M=(CaO+MgO+FeO)/SiO_2]$ 大于 1(即 $M>1$)为碱性骨料,$0.6 \leqslant M \leqslant 1.0$ 为中性骨料,$M<0.6$ 为酸性骨料。

骨料粒径大于 2.5mm 的骨料为粗骨料,粒径为 0.075~2.5mm 的骨料为细骨料。其质量要求见表 5-1 和表 5-2。

表 5-1 粗骨料的质量要求

项目		指标
表观密度/(kg/m³)		>2600
吸水率/%		<2.5
针片状颗粒含量/%		<10
坚固性/%		<12
含泥量/%		<0.3
超逊径/%	超径	<5
	逊径	<10
其他		岩质坚硬,在加热条件下不致引起性质变化

表 5-2 细骨料的质量要求

项目	指标	
	细骨料	天然砂
表观密度/(kg/m³)	>2600	>2600
吸水率/%	<3	<3

续表

项　目	指　标 细骨料	指　标 天然砂
坚固性/%	<15	<15
石粉含量/%	<5	—
含泥量/%	—	<0.3
水稳定等级	>4级	>4级
有机质含量	不允许	浅于标准色
轻物质含量/%	—	<1
超径/%	<5	<5
其他	级配良好，岩质坚硬，在加热条件下不致引起性质变化	

三、填料

(一) 填料的特性及其作用

为了改善沥青混凝土的和易性、抗分离性和施工密实性，在沥青混凝土配合比设计时必须使用适量的粒径小于 0.075mm 的矿料组分（如石灰岩粉、水泥、滑石粉、粉煤灰等），使其与沥青共同组成沥青胶结料，填充骨料的空隙并将沥青混凝土混合料黏结成整体。由于填料的颗粒较小，表面积巨大（约占沥青混凝土矿料总表面积的 90%~95%），它与沥青黏附性的好坏将直接影响到沥青混凝土的质量与耐久性。因此，工程上多使用石灰岩、白云岩或其他碳酸盐岩石作为加工填料的母岩。

在沥青中掺入填料的主要作用是使原来容积状的沥青变为薄膜状的沥青，随着填料浓度的增大，填料表面形成的沥青膜的厚度减薄，沥青胶结料的黏度和强度随之提高，从而使骨料颗粒之间的黏结力增强。在一定的填料浓度下，沥青混凝土将获得最大的强度。填料的颗粒愈细，表面积愈大，它对沥青胶结料和沥青混凝土的影响也就愈大，所以细度是填料最重要的技术指标之一。一般情况下，沥青混凝土填料的比表面积约为 2500~5000cm^2/g，比水泥的比表面积略大一些（水泥的比表面积一般为 2500~3500cm^2/g），有些资料认为沥青混凝土填料的最佳比表面积应为 4000~5000cm^2/g。但过高的细度要求不仅会使填料的加工费用显著增加，而且还容易使过细的填料颗粒聚集成团而不易分散，反而有损于沥青混凝土的耐久性。

为了有效地控制防渗沥青混凝土的孔隙率，在沥青混凝土配合比设计时就需要选定性能良好的沥青混凝土混合料配合比，在沥青用量较小的情况下，应采用良好的骨料级配和填料级配，追求矿料级配的孔隙率最小，在骨料级配选定的情况下，也需要填料具有良好的颗粒级配。当填料用量较多时，沥青混凝土内部能够形成许多细小的封闭孔隙；填料用量少时，则多形成连通的开口孔隙。因此，填料用量影响着沥青混凝土的结构和性质，是配合比设计的重要参数之一。由于目前对填料级配还缺乏比较实用可靠的检测方法，现场施工的填料级配又难以控制，国内对矿料级配的研究主要停留在粗、细骨料方面，关于填料颗粒的合理级配组成以及施工中填料级配的控制等研究很少，至今还没有成熟的经验，因此，现行施工规范只对填料细度作出了具体规定。

（二）填料的技术要求

一般情况下，填料是由岩石等矿物原料加工而成的粉状材料，粒径要求全部小于 0.075mm，其他技术要求见表 5-3。在实际应用过程中，有时利用颗粒稍粗的矿粉作为沥青混凝土的填料，以提高沥青混凝土的力学性能和经济性。

填料的储存必须防雨防潮，并防止杂物混入。散装填料宜采用筒仓储存，袋装填料应存入库房，堆高不宜超过 1.8m，最下层距地面至少 30cm。

表 5-3 填料的质量要求

项 目		指 标
表观密度/(kg/m³)		>2600
含水率/%		<0.5
亲水系数		<1
其他		不含泥土、有机质杂质和结块
细度/% （各粒径的通过率）	0.075mm	100
	0.040mm	>80
	0.020mm	10~20

第三节 沥青混凝土防渗心墙配合比设计

沥青混凝土防渗心墙的配合比设计是根据沥青混凝土防渗心墙的技术要求，结合工程地附近沥青混凝土原材料的基本性质，在确定的基本施工工艺条件下采用矿料级配和沥青含量两个参数进行的沥青混凝土的配合比选择，并通过一系列的沥青混凝土性能试验以确定满足设计要求的、经济合理的沥青混凝土最佳配合比例。

水工沥青混凝土的配合比设计分为两种设计理论：一种是传统的水工沥青混凝土配合比设计理论；另一种是胶浆理论。

传统的水工沥青混凝土配合比设计理论采用矿料级配和沥青用量作为配合比设计的两个主要参数，其中矿料级配设计一般采用最大密度曲线理论和粒子干涉理论。最大密度曲线理论是根据富勒（Ruller）等人通过试验提出的一种理想曲线，使固体颗粒按粒度大小有规则地组合排列，粗细搭配，可以得到密度最大、空隙最小的混合料级配。矿料的混合级配曲线愈接近于抛物线，则密度愈大。最大密度曲线主要描述了连续级配的粒子分布，可用于计算连续级配。粒子干涉理论则认为要想达到矿料混合后的最大密度，前一级颗粒之间的空隙应由次一级颗粒填充，其余空隙又由再次一级小颗粒填充，但填隙的颗粒粒径不得大于其间隙的距离，否则大小颗粒粒子势必产生干涉现象。该理论不仅可用于计算连续级配，也可用于计算间断级配。我国目前多采用最大密度曲线理论设计水工沥青混凝土矿料级配，具体采用三个参数（D_{max}、d_i、P_i）来表征，骨料每一粒径 d_i 的通过率 P_i 均

有一特定范围,各粒级矿料的通过率计算公式为

$$P_i = P_{0.075} + (100 - P_{0.075}) \frac{d_i^n - 0.075^n}{D^n - 0.075^n} \tag{5-1}$$

式中　P_i——粒径为d_i的总通过率;

　　　D_{max}——骨料最大粒径;

　　　$P_{0.075}$——0.075mm筛上的总通过率;

　　　n——骨料级配指数。

矿料合成级配确定后,沥青用量成为影响沥青混凝土性质的唯一因素。沥青用量有两种不同的表示方法:一种方法是以矿料总重为100%,沥青用量按沥青占矿料总重的百分数计,例如沥青用量6%,则沥青混凝土混合料重为100%+6%=106%;另一种方法是以沥青占沥青混凝土混合料总重的百分数计,例如沥青用量6%,矿料用量则为94%,沥青混凝土混合料总重为100%。目前这两种方法均在应用,但前者将矿料固定为100%,沥青用量成为独立的变量,它的变化不影响矿料的计算,实用上较为方便,故应用较多。

另一种水工沥青混凝土的配合比设计理论是近年来发展起来的胶浆理论,采用骨料级配指数、填料浓度、胶骨比作为配合比设计的三个参数,与传统的设计方法没有本质区别。

(一)碾压式沥青混凝土配合比设计

根据《水工沥青混凝土施工规范(试行)》(SD 514—2013)的要求,防渗层沥青混凝土骨料最大粒径不得超过一次铺筑层厚的1/3,且不得大于25mm。结合尼尔基水利枢纽工程的实际情况,骨料最大粒径确定为20mm。为了获得最佳的沥青混凝土试验配合比,根据《土石坝沥青混凝土面板和心墙设计准则》(SLJ 01—88)中最大粒径为20mm的密级配水工沥青混凝土矿料级配及沥青含量范围(表5-4),针对两种不同的矿料(库区长发屯B号料、阿荣旗2号料)、不同的沥青(欢喜岭90号重交通道路沥青、锦州石化天元集团公司10号建筑沥青和盘山县龙马沥青厂减压渣油)种类,采用传统的水工沥青混凝土配合比设计理论来进行尼尔基水利枢纽工程沥青混凝土配合比的设计工作。

表5-4　　水工沥青混凝土矿料级配和沥青用量参考表

级配类型	不同筛孔尺寸(mm)的总通过率/%											沥青用量(按矿料重量计,%)
	35	25	20	15	10	5	2.5	0.6	0.3	0.15	0.075	
密级配	100	80~100	70~90	62~81	55~75	44~61	35~50	19~30	13~22	9~15	4~8	5.5~7.5
		100	94~100	84~95	75~90	57~75	43~65	28~45	20~34	12~23	8~13	6.5~8.5
				100	96~98	84~92	70~83	41~54	30~40	20~26	10~16	8.0~10.0

参考其他类似工程沥青混凝土配合比的设计经验,结合尼尔基水利枢纽工程的实际情况,设计了5种能够满足《土石坝沥青混凝土面板和心墙设计准则》(SLJ 01—88)要求

的骨料级配,并分别对其进行沥青含量为 6.1%、6.3%、6.5%的室内沥青混凝土配合比试验,具体配合比见表 5-5。

表 5-5　　　　　　　　　　室内沥青混凝土配合比表

试验编号	沥青用量/%	沥青混凝土矿料配合比/%						备注
^^^	^^^	矿粉	细骨料	粗骨料各粒径/mm				^^^
^^^	^^^	^^^	^^^	2.5~5	5~10	10~15	15~20	^^^
B1-0	6.5	13.5	30.5	14.4	17.6	14.0	10.0	骨料为库区长发屯B号料
B1-Ⅰ	6.3	^^^	^^^	^^^	^^^	^^^	^^^	^^^
B1-Ⅱ	6.1	^^^	^^^	^^^	^^^	^^^	^^^	^^^
B1-Ⅲ	5.9	^^^	^^^	^^^	^^^	^^^	^^^	^^^
B2-0	6.5	12.3	31.7	14.4	17.6	14.0	10.0	^^^
B2-Ⅰ	6.3	^^^	^^^	^^^	^^^	^^^	^^^	^^^
B2-Ⅱ	6.1	^^^	^^^	^^^	^^^	^^^	^^^	^^^
B5-0	6.5	12.2	30.6	13.8	18.8	14.9	9.7	^^^
B5-Ⅰ	6.3	^^^	^^^	^^^	^^^	^^^	^^^	^^^
B3-Ⅱ	6.1	^^^	^^^	^^^	^^^	^^^	^^^	^^^
1-1	6.5	10.0	24.8	15.1	19.9	17.0	13.1	骨料为阿荣旗2号料
1-2	6.3	^^^	^^^	^^^	^^^	^^^	^^^	^^^
1-3	6.1	^^^	^^^	^^^	^^^	^^^	^^^	^^^
2-1	6.5	11.1	24.8	20.1	21.0	13.8	9.2	^^^
2-2	6.3	^^^	^^^	^^^	^^^	^^^	^^^	^^^
2-3	6.1	^^^	^^^	^^^	^^^	^^^	^^^	^^^

(二) 浇筑式沥青混凝土配合比设计

1. 掺配沥青的配合比

浇筑式沥青混凝土采用辽宁省锦州石化天元集团公司生产的10号建筑沥青与辽宁省盘山县龙马沥青厂生产的减压渣油配制的掺配沥青作为沥青混凝土胶凝材料,掺配试验结果见表 5-6。

表 5-6　　　　　　　　　　沥青、渣油掺配试验结果

沥青、渣油比	1:0	1:1	1:1.2	1:1.4	1:1.6	1:1.8	1:2.4	1:2.5	1:2.7
软化点/℃	106.6	60.4	57.8	55.5	52.2	51.6	48.6	48.2	46.7
针入度/(1/10mm)	10	33	38	43	53	55	74	76	77
延度/cm	3	—	22	30	—	—	—	84	—
针入度指数	3.8497	0.1756	-0.0571	-0.2640	-0.5271	-0.5826	-0.5967	-0.6343	-1.0244
感温系数	0.0233	0.0390	0.0403	0.0416	0.0433	0.0437	0.0438	0.0441	0.0468

表 5-6 中的试验结果表明,当沥青与渣油掺配比例为 1:2.5 时,掺配沥青的软化点为 48.2℃,具有适宜的软化点,胶体类型为溶胶-凝胶型,可以满足施工需要,具体各项检验成果见表 5-7。

表 5-7　　　　　　　　掺配沥青检验结果(沥青:渣油=1:2.5)

检测项目 检测状态	针入度 /(1/10mm)	软化点 /℃	延度 /(15℃,cm)	闪点 /℃	密度 /(g/cm³)	含蜡量 /%	溶解度 /(三氯乙烯,%)
老化前	76	48.2	84	196	1.001	3.3	98.16
老化后	27	61.8	45	—	—	—	—

试验结果表明,掺配沥青的抗老化性能较差,施工应用时应注意采取老化防护措施。

2. 浇筑式沥青混凝土的最佳试验配合比设计

为了获得浇筑式沥青混凝土的最佳试验配合比,参考其他类似工程的设计应用经验,骨料级配按照《土石坝沥青混凝土面板和心墙设计准则》(SLJ 01—88)中的最大粒径为 25mm 的密级配水工沥青混凝土矿料级配范围要求设计,并对其进行掺配沥青含量为 10.5%、11.0%、11.5% 的室内沥青混凝土配合比试验,具体配合比见表 5-8。

表 5-8　　　　　　　　浇筑式沥青混凝土室内试验配合比

试验编号	掺配沥青用量 /%	沥青混凝土矿料配合比/%		
		矿粉	细骨料	粗骨料
1-1	10.5	11.17	33.63	55.20
2-1	11.0			
3-1	11.5			

(三)振捣式沥青混凝土配合比设计

振捣式沥青混凝土是中水东北勘测设计研究有限责任公司根据多年的浇筑式沥青混凝土设计、试验研究与应用经验,在把握现代沥青混凝土施工技术的背景下提出的一种沥青含量及性能均介于碾压式沥青混凝土和传统的浇筑式沥青混凝土之间的沥青混凝土,施工时需要专用的振捣设备使之密实,故称其为振捣式沥青混凝土。

由于振捣式沥青混凝土是一种全新施工工艺的沥青混凝土,目前并无配合比设计经验可供参考,因此在振捣式沥青混凝土室内配合比设计中,参照《土石坝沥青混凝土面板和心墙设计准则》(SLJ 01—88)中密级配水工沥青混凝土矿料级配及沥青含量范围,进行大量的沥青混凝土配合比试拌成型试验,确定试模尺寸(长×宽×高)为 100cm×40cm×30cm,采用试坑模拟施工的实际情况,试验前将试坑底部及侧壁采用人工夯实,拌和设备采用试验室用小型沥青混凝土搅拌机,入仓方式为人工浇筑,浇筑时段内气温在 −1.5~7.2℃ 范围内,西北风 3~4 级(满足风力小于 4 级的要求),从混合料入仓浇筑开始到振捣结束,环境气温呈上升趋势。通过室外 6 场模拟试验,确定了 4 个振捣式沥青混凝土配合比,具体详见表 5-9。

表 5-9　　　　　　　　　振捣式沥青混凝土室内试验配合比

试验编号	沥青用量/%	沥青混凝土矿料配合比/%					备注
^	^	矿粉	细骨料	粗骨料各粒径/mm				^
^	^	^	^	2.5～5	5～10	10～15	15～20	^
Z-1	8.0	14.8	29.2	19	16.3	10.6	10.1	
Z-2	7.5	12.5	31.5	^	^	^	^	
Z-3	7.5	12.2	34.2	16.0	16.9	10.4	10.3	
Z-4	8.0	12.2	34.2	^	^	^	^	

第四节　沥青混凝土防渗墙施工

一、沥青混凝土混合料的制备

(一) 沥青混凝土原材料的加热

1. 沥青加热

沥青加热方式有外加热式和内加热式两种。外加热式方法有两种：一种是采用燃料直接对沥青桶进行燃烧加热，使沥青材料熔化而流出，其设备比较简单，但熔化速度慢，热量损耗量较大，所以加热方法只在零星的、小规模的沥青混凝土工程和过去缺少沥青脱桶脱水设备时采用；另一种就是采用连续输送导热油通过预埋管道对封闭的沥青脱桶脱水设备进行连续加温，使沥青熔化并从沥青桶中自然流出，由于它在封闭条件下加热，熔化速度有所提高但仍然较慢，热量损耗量有所减少。这种方式已经在工程建设中广泛采用。使用外热式加热锅时，加热过程中应防止下部沥青因急骤受热体积膨胀而损坏锅体，应适时清理锅底，以免沉淀物焦化引起锅底过热而熔裂。内加热式方法是通过埋设在外侧具有保温措施的沥青储料罐中的导热油加热管或燃油（燃煤）加热管道，对沥青进行体内加热，使沥青顺利熔化，它要求的使用对象是专用设备，速度快且效果好，对沥青材料老化性能的影响也很小。这种加热方式主要适用于加热沥青储料罐或大型的沥青材料专用运输设备中的沥青。内热式沥青罐外侧应采取保温措施。

在熔化沥青的时候，为了避免加热引起沥青中的水分汽化过于迅速而使沥青溢出罐外，必须控制好加热罐内的沥青量和加热温度。熔化的沥青可以通过管道自流或者用沥青泵送至沥青脱水锅、加热罐，进行脱水、加热。桶装沥青宜采用脱水加热，以导热油为介质连续加热熔化，确保加热均匀，防止沥青老化。袋装沥青主要指 10 号沥青，常温下能保持固定形态，可用筐篓等非密封容器装运且装入加热罐内脱水加热，但其表面常黏附有纸屑、砂土等杂物，沥青熔化后杂物沉积在加热罐底，经高温加热后形成一层很厚的锅垢，不仅使罐底导热性差，降低加热效率，且易使罐底过热损坏，故加热过程应及时捞出杂物。

沥青脱水温度应控制在（120±10）℃，沥青加热温度应根据沥青混凝土混合料出机温度确定，一般为 150～170℃。加热过程中，沥青针入度的降低以不超过 10% 为宜。保温时间不超过 24h。对于 60 号、100 号道路石油沥青，加热温度不超过 170℃，保温时间（在罐内停留时间）不超过 6h。沥青老化控制指标中，针入度比值变化最敏感，其次是软化点增加率；延度降低率变化也很大。

沥青熔化、脱水、加热保温场所必须要有防雨、防火设施。

2. 矿料加热

(1) 骨料的加热。

1) 骨料的烘干、加热宜采用内热式加热滚筒。滚筒倾角一般为 3°~6°，具体倾角可通过试验确定。

2) 冷骨料应均匀连续地进入烘干加热筒。骨料的加热温度根据沥青混凝土混合料要求的出机温度确定，一般为 170~190℃，骨料的加热控制应根据具体实施的工程情况，结合季节、气温的变化进行调整，最高加热温度不应超过热沥青温度 20℃，也不宜大于 200℃。骨料温度过高将加速沥青老化而降低沥青混凝土混合料质量，碧流河水库曾用不同温度的骨料与 150~160℃的沥青拌和，然后将混合料的沥青抽提出来，测定三大指标以观察沥青老化的情况，试验结果见表 5-10。

表 5-10　　　　骨料加热温度对沥青性能的影响

试验指标	针入度 实测值 /(1/10mm)	针入度 比值 /%	软化点 实测值 /℃	软化点 增加率 /%	延伸度 实测值 /cm
原沥青材料	88	100	47	0	>113.5
粗骨料温度 150℃	88.5	100	47.8	1.7	>113.5
粗骨料温度 200℃	73.5	83.5	49.8	6.0	110.5
粗骨料温度 250℃	62.2	70.7	50.3	7.0	95.5

以上试验结果表明：提高骨料温度对沥青性质有一定影响，将使针入度、延伸度值减小，软化点提高。当骨料温度为 150℃时，即与沥青温度相近时，没有表现出明显的影响，随着骨料温度的增高，影响加剧。骨料温度大于 200℃时，针入度降低到原沥青的 83.5%。为使加热过程中沥青针入度降低不超过 10%，碧流河水库规定的骨料加热温度为 (180±10)℃，不得大于 200℃。后来三峡茅坪溪防护土石坝、尼尔基水利枢纽沥青混凝土防渗心墙砂砾坝和四川冶勒水电站拦水坝也给出了这样的规定。

3) 在综合作业式的拌和系统中，冷矿料进入烘干机以前进行初配，并连续向烘干机加料升温。加热后经提升进行二次筛分，按粒径尺寸储存在热料斗内，这样就可避免矿料温度不均衡的问题。最后按热料斗内的矿料调节配合比例，并随时供配料使用。

(2) 矿粉。矿粉的细度大，一旦受潮结块就会对水工沥青混凝土性质产生极大的影响，因而要求矿粉储存在防潮棚内或罐内。在国内外的一些沥青混凝土防渗工程中，有的工程为了降低沥青和骨料的加热温度，采用另设的加热筒或者在远红外线加热廊道内将矿粉加热到 60~100℃；也有一些工程直接使用干燥的矿粉，使用方法是将干燥的矿粉在常温下加入搅拌机内，先与热骨料拌和，然后再喷洒沥青，拌和后沥青混凝土混合料可以达到规定的出机温度要求。

(二) 沥青混凝土混合料的配料拌和

1. 沥青混凝土混合料的配料

在进行沥青混凝土拌和配料之前，试验室按照施工配合比的技术要求，结合制备系统热料仓中各级配矿料的超逊径情况和最近一次生产沥青混凝土混合料的抽提试验成果，通过反复的计算确定拌和沥青混凝土混合料的各种材料用量，并签发沥青混凝土混合料配料单。拌和楼操作手根据试验室签发的沥青混凝土混合料配料单进行配料。配料时矿料以干燥状态为标准，按重量进行配料，沥青可按重量也可按体积进行配料。沥青混凝土混合料配合比的允许误差不得大于规范规定的要求，具体见表5-11。

表 5-11　　　　　　　　　沥青混凝土施工配合比的允许误差

材料种类	沥青	填料	细骨料	粗骨料
配合比的允许误差/%	±0.3	±1.0	±2.0	±2.0

由于现场矿料级配经常变化，因而施工配料单需要天天调整。拌和楼生产必须按当天签发的沥青混凝土混合料配料通知单进行，配料通知单的依据是：

(1) 原料仓的矿料级配、超逊径、含水量等指标。

(2) 二次筛分后热料仓矿料的级配、超逊径试验指标。

(3) 最近一次生产沥青混凝土混合料的抽提试验成果。

沥青混凝土混合料采用重量配合比，骨料以干燥状态下的重量为标准，并确保计量准确。每种骨料称好后其重量都应有精确的记录，每批沥青混凝土的物料均应按级配配制，并且总量相符。测温设备应对热储存仓中的沥青、计量前的沥青、干燥筒进口的骨料、热料仓中的骨料及拌和楼出口处的混合料温度进行检测记录。所有计量、指示、记录及控制设备都应有防尘措施，并不受高温作业及环境气候影响。

2. 沥青混凝土混合料的拌和工艺

沥青混凝土混合料的拌和工艺与水泥混凝土基本类似，通常是将骨料与矿粉（或填料）混合干拌，然后再加入相应的热沥青直至拌和均匀；也有的工程是先拌和骨料，然后加入热沥青，当沥青均匀裹覆骨料后，再加入矿粉（或填料）拌和至均匀为止。在沥青混凝土混合料拌和过程中，无论是采用连续作业、循环作业还是综合作业形式，采用喷洒方式喷入沥青都可以确保沥青混凝土混合料的搅拌均匀性。

借鉴水泥混凝土的水泥裹砂、水泥裹石、双裹并列等混凝土拌和工艺，可以开展沥青裹砂、裹石工艺、双裹并列沥青混凝土拌和工艺研究。沥青裹砂、裹石工艺是将一定量（部分或全部）的热沥青与矿粉（或填料）拌和均匀，然后加入砂（细骨料）或石（粗骨料）拌和，最后加入剩余的沥青至拌和均匀；双裹并列沥青混凝土拌和工艺是采用两台搅拌机错位（一高一低）摆放，一台均匀拌和矿粉（或填料）和一定量的热沥青，一台均匀拌和砂（细骨料）或石（粗骨料）和一定量的热沥青，然后混合搅拌至拌和均匀；研究这种工艺的目的主要是在不影响沥青与矿料表面的界面黏接性能的前提下解决矿粉（或填料）在沥青混凝土中的分散均匀问题。

对于水工防渗沥青混凝土而言，无论是采用现有的沥青混凝土拌和工艺还是开发新型的拌和工艺，都必须保证沥青裹覆骨料的效果，即沥青混凝土混合料中的骨料的裹覆率应达到90%以上。拌出的沥青混凝土混合料应确保色泽均匀、稀稠一致、无花白料、黄烟及其他异常现象，卸料时不产生离析。

3. 沥青混凝土混合料的拌和温度

沥青的赛氏黏度为 (85 ± 10)s，运动黏度为 $(180\pm20)\times10^{-6}m^2/s$ 是沥青混凝土混合料的最合适拌和温度。不同针入度的沥青的适宜拌和温度见表5-12。拌和温度的允许误差为±10℃，夏季取下限，冬季取上限，但最高不宜超过180℃。

表5-12　　　　　　　　不同针入度的沥青的适宜拌和温度

针入度/(1/10mm)	40~60	60~80	80~100	120~150
拌和温度/℃	160~175	150~165	140~160	135~155

沥青混凝土混合料的出机温度，应使其经过运输、摊铺等热量损失后的温度能满足起始碾压温度的要求。沥青混凝土混合料的出机口温度可根据当地气温进行适当调整。拌和后的沥青混凝土混合料应及时使用，不能及时使用的沥青混凝土混合料，应采用保温储罐储存。

4. 沥青混凝土混合料的拌和时间

在普通拌和工艺的前提下，一般先加入骨料、矿粉，干拌约15s，然后再喷洒沥青拌和30~45s，每次纯拌和时间约为45~60s，每一循环周期约为55~75s，较搅拌道路沥青混凝土增加10~15s（占22%~25%）。对于特殊的沥青混凝土拌和工艺，拌和时间需要试验确定。

5. 沥青混凝土拌和过程中的注意事项

在制备沥青混凝土混合料之前，需要定期采用单一品种材料单独计量的方法来检验拌和系统各计量设备的灵敏度、精确度和可靠性。

为了保证搅拌机搅拌的前几盘沥青混凝土混合料的温度满足规定要求，搅拌机在冷机操作的时候，需要采用预拌热骨料的方法对拌和楼系统进行预热，预热温度不低于100℃，预拌后的热骨料可以回收后重新利用。

当搅拌机停机后，或由于机械发生故障等其他原因临时停机超过30min时，应将机内的沥青混凝土混合料及时排出，并用热矿料搅拌后清理干净。如果沥青混凝土混合料已在搅拌机内凝固，可将柴油注入机内点燃加热或用喷灯加热，逐渐将沥青混凝土混合料清出，在操作过程中必须谨慎，防止机械损坏，确保操作人员安全。

二、沥青混凝土混合料的运输

沥青混凝土混合料应连续、均匀、快速（不得中途转运）、及时地从拌和楼运至铺筑地点，混合料在运输过程中，必须保证沥青混凝土混合料在卸料、运输及转料过程中不发生离析、分层现象，不允许出现骨料分离、外漏、温度损失过大等现象。运输设备的运输罐体或车厢应保持干净、干燥，必须具有较好的保温效果，能保证沥青混凝土混合料运输能力与拌和、摊铺、仓面等具体情况的需要相适应。在运送沥青混凝土混合料之前，运送沥青混凝土混合料的料罐应涂刷一层防黏剂，防黏剂不得对沥青混凝土混合料有损害或起化学反应，其涂刷量的大小由模拟试验确定，运送沥青混凝土混合料的设备不用时应立即清理干净。

(一) 运输方式和条件

1. 运输方式

沥青混凝土混合料运输方式一般有以下三种：

(1) 翻斗车运输。沥青混凝土混合料由保温翻斗车运输，运至施工现场。卸入装载机改装的保温罐内，再转运至摊铺机。翻斗车直接供料适用于中小型工程。

(2) 空中运输。沥青混凝土混合料装在底开式立罐中，沿窄轨铁路运到缆式起重机下，再由缆式起重机运到摊铺机上。

(3) 汽车运输。沥青混凝土混合料装在汽车上的底开式立罐中运到坝顶，起重机吊起立罐，将沥青混凝土混合料卸入喂料车，转运至摊铺机。

此外，过渡层材料的运输宜采用自卸汽车，自卸汽车运输的吨位或容积应考虑过渡层结构及薄层铺筑的特性，其运输能力应与铺筑强度相适应。

2. 运输条件

(1) 运输道路应平坦，以减轻沥青混凝土混合料振动，防止混合料离析、分层。

(2) 为了保证沥青混凝土混合料在运输过程中不发生离析、分层现象，运输设备应采用吨位较大的自卸汽车。运输时车厢应打扫干净，不得有灰尘、泥块、积液等残留在车厢内。

(3) 为防止沥青与车厢黏结，一般涂刷一层防黏剂，防黏剂的配合比为：火碱：硬脂酸：滑石粉：水（80℃）为 1：20：330：400，方法是先将 80℃ 的水与火碱、硬脂酸混溶，然后加滑石粉。

(4) 运料车应具备保温、防晒、防污染、防漏料的措施，并设置车序的标志，以避免车辆阻塞，延误运输时间。

(二) 运输设备数量

运送沥青混凝土混合料的车辆或料罐的容量应与拌和楼和现场摊铺能力相适应，主要要求为

$$V_{py} \geqslant V_b \tag{5-2}$$

$$nV_{py} = V_{xy} \tag{5-3}$$

式中 V_b——拌和机的出料容量，m^3；

V_{py}——水平运输的车辆或料罐的容量，m^3；

V_{xy}——斜坡运输的车辆或喂料车的容量，m^3；

n——水平与斜坡运输容量的比例系数，一般取 3~4。

沥青混凝土混合料运输车辆的台数 N，要保证拌和厂的连续生产，即

$$N = 1 + \frac{t_1 + t_2 + t_3}{T}\alpha \tag{5-4}$$

式中 t_1——运往铺筑工地的时间，min；

t_2——由铺筑工地返回拌和厂的时间，min；

t_3——在工地装卸和其他等待的时间，min；

T——沥青混凝土混合料拌和、装车所需的时间,min;

a——车辆的备用系数,视运输组织情况而定。

三峡茅坪溪土石坝沥青混凝土混合料的运输采用 5~10t 改装的保温自卸汽车(4~6 台),运至工地卸料平台,通过卸料平台卸入装载机改装的保温罐中($4m^3$),再由该装载机将沥青混凝土混合料直接入仓(人工摊铺),或卸入专用摊铺机沥青混凝土混合料料斗中(机械摊铺)。

(三)运输过程中的质量控制

(1) 各种运输机具在转运或卸料时,应尽量降低沥青混凝土混合料自由落差,一般自由落差不宜大于 1.5m,装卸时应尽量保证平稳,避免骨料分离。

(2) 下料速度应均匀,每卸一部分沥青混凝土混合料后,应挪动一下运料车的位置。

(3) 检测沥青混凝土混合料的下料温度和外观质量,发现沥青混凝土混合料温度过低或过高,外观质量不好(如有花白料等),均应作废料处理。

(4) 认真记录沥青混凝土混合料在运输过程中的温度损失。若发现温度降低到规定的温度以下,或离析现象明显,应及时处理。

三、沥青混凝土防渗心墙的铺筑

(一)铺筑沥青混凝土防渗心墙的气象条件

为了确保沥青混凝土防渗心墙具有良好的施工质量,根据以往的施工经验,在风力小于四级、日降雨量小于 0.1mm 时可以正常施工,日降雨量在 0.1~10mm 之间时,下雨时停工,雨后照常施工,施工环境温度条件应根据施工模拟试验成果确定。对于工期紧张、施工强度大的工程而言,夜间施工时施工场所需要具备足够的照明条件,否则沥青混凝土心墙不宜在夜间施工。

(二)铺筑沥青混凝土防渗心墙的施工准备

(1) 在沥青混凝土防渗心墙施工前,其底部的混凝土基座(或盖板)和观测廊道必须按设计要求和《水工混凝土施工规范》(DL/T 5144—2001)的规定施工完成。

(2) 施工前,沥青混凝土防渗心墙与基座、岸坡等刚性建筑物连接面的混凝土表面应清除干净,并均匀喷涂一层冷底子油,用量为 $0.15~0.20kg/m^2$。潮湿部位的混凝土在喷涂前应将表面烘干。

(3) 对于坝基防渗工程的施工,除在廊道内进行帷幕灌浆外,应尽量在沥青混凝土施工前完成。若心墙与坝基防渗工程必须同时施工时,应做好施工计划,合理布置场地,减少施工干扰。

(4) 沥青混凝土铺筑前,应进行配合比室内试验、现场铺筑试验和生产性试验,以确定适于施工的各项技术参数。在沥青混凝土正式施工前应完成配合比室内试验、现场铺筑试验和生产性试验,以确定满足设计要求的施工配合比和适于施工的各项技术参数。

(5) 沥青混凝土铺筑前,应对矿料生产及储存系统,原材料供应,沥青混凝土混合料制备、运输、摊铺(铺筑)、碾压(浇筑)和检测等设备的能力、工况以及施工措施等结合现场铺筑试验进行检查,当其符合有关技术文件要求后,方能开始施工。

(6) 沥青混凝土铺筑前,应对施工人员进行技术培训。

(7) 每次施工前,应有施工的详细安排和计划,并落实到具体的施工操作人员。

(三) 沥青混凝土防渗心墙的铺筑

1. 沥青混凝土防渗心墙的铺筑技术要求

土石坝沥青混凝土防渗心墙施工必须满足设计所规定的各项技术要求，做到技术先进、经济合理、质量可靠、生产安全。

(1) 一般规定。

1) 沥青混凝土防渗心墙与过渡层、坝壳填筑应尽量同时上升，均衡施工，以保证施工质量，减少削坡处理工程量。

2) 沥青混凝土混合料的施工机具应及时清理，经常保持干净，以防污染沥青混凝土混合料。

3) 沥青混凝土防渗心墙的铺筑应尽可能采用专用机械施工。在缺乏专用机械或专用机械难以铺筑的部位，可用人工摊铺、小型机械压（振）实，但应加强检查，注意密实质量。

(2) 模板的架设与拆卸。

1) 防渗心墙沥青混凝土混合料的铺筑，宜采用钢模板。

2) 钢模板应架设牢固，拼接严密，尺寸准确。相邻钢模板应搭接，其长度不小于5cm。定位后的钢模板距心墙中心线的偏差应小于±1cm。

3) 钢模板定位经检查合格后，方可填筑两侧的过渡层。

4) 过渡层压实合格后，再将沥青混凝土混合料填入钢模板内铺平。在沥青混凝土混合料碾压（浇筑）之前，应将钢模板拔出，并及时将表面黏附物清除干净。

(3) 过渡层填筑。

1) 过渡层填筑前，可用防雨布等遮盖心墙表面，防止砂石落入钢模板内。遮盖宽度应超出两侧模板各30cm以上。

2) 过渡层的填筑尺寸、填筑材料以及压实质量（相对密度或干密度）等均应符合设计要求。

3) 心墙两侧的过渡层应同时铺填压实，防止钢模板移动。距碾压式沥青混凝土钢模板15～20cm的过渡层先不压实，待钢模板拆除后，与心墙骑缝碾压。

(4) 沥青混凝土混合料铺筑。

1) 在已密实的心墙上继续铺筑前，应将结合面清理干净。污面可用压缩空气喷吹清除（风压0.3～0.4MPa）。如果喷吹不能完全清除，可用红外线加热器加热沾污面，使其软化后铲除。

2) 当沥青混凝土表面温度低于70℃时，宜采用红外线加热器加热，使温度不低于70℃。但加热时间不得过长，以防沥青老化。

3) 沥青混凝土心墙的铺筑，应尽量减少横向接缝。当必须有轴向（横向）接缝时，其结合坡度一般为1:3，上下层的横缝应相互错开，错距大于2m。若结合坡必须与陡坡相接时，此处横缝须作特殊处理。铺筑前须将热沥青砂浆铺敷于坡面上，厚1～2cm，然后立即人工铺筑沥青混凝土混合料，并使之形成一个三角槽，利于人工或机械密实。此处如果处理不当，最易形成漏水通道。

4) 沥青混凝土混合料宜采用汽车配保温罐运输，由起重机吊运卸入模板内，再由人

第四节 沥青混凝土防渗墙施工

工摊铺整平，铺筑厚度一般为20～30cm。必要时可在沥青混凝土混合料摊铺后静置一定时间，以预热下层冷面沥青混凝土。

5）沥青混凝土摊铺后，宜用防雨布将其覆盖，覆盖宽度应超出心墙两侧各30cm。

6）碾压式沥青混凝土混合料宜采用振动碾在防雨布上碾压。一般先静压两遍，再振动碾压。振动碾压的遍数按设计要求的密度通过试验确定。碾压时，要注意随时将防雨布展平，并不得突然刹车或横跨心墙行车。横向接缝处应重叠碾压30～50cm。沥青混凝土混合料的碾压温度按试验确定的温度控制。

7）浇筑式沥青混凝土混合料流动性较大，铺筑后只需简单插捣即可密实；振捣式沥青混凝土混合料需要采用专用振捣器振捣才能密实，沥青混凝土混合料的起振温度、振捣行走速度等参数以施工模拟试验确定的指标为准。

8）心墙铺筑后，在心墙两侧4m范围内，禁止使用大型机械（如13.5t振动碾、2.5t打夯机等）压实坝壳填筑料，以防心墙局部受震畸变或破坏。各种大型机械也不得跨越心墙。

2. 沥青混凝土防渗心墙的铺筑

(1) 层面冷底子油、沥青砂浆的铺筑。在沥青混凝土防渗心墙施工前，需要对底部的混凝土底座、侧面的翼墙进行处理。水泥混凝土表面采用人工用钢丝刷将水泥表面乳皮刷净，用0.6MPa左右高压风吹干，局部潮湿部位用喷灯烘干。处理后涂刷冷底子油（冷底子油配合比为沥青:汽油为3:7），待冷底子油中汽油挥发（汽油挥发时间受环境温度影响较大，一般需要12h左右）后将其加热到70℃，再均匀涂刷2cm厚料温度在130～150℃的沥青砂浆，陡坡部分自下而上涂抹，并拍打振实，必要时待温度降至120～130℃时再抹一次，使之与底层黏结牢固。

(2) 沥青混凝土混合料的人工铺筑。在沥青混凝土防渗心墙施工过程中，人工铺筑是沥青混凝土混合料必不可少的摊铺浇筑形式。一般用在没有摊铺机械的工程或摊铺机械不能到达的部位，如心墙与翼墙岸坡接触段、心墙底部水平扩大段。

为了保证人工铺筑的沥青混凝土心墙的有效厚度，宜采用钢板加工制作沥青混凝土混合料的模板，钢模板具有架设方便牢固、相邻钢模板接缝严密、尺寸准确、拆卸方便等优点。当使用钢模板进行人工铺筑沥青混凝土混合料时，需要对钢模板进行定位，并在钢模板内表面涂刷脱模剂，定位后的钢模板距心墙中心线的误差应小于1cm。经检查合格后，方可填筑两侧过渡料；过渡料压实后，再将沥青混凝土混合料填入钢模板铺平，在沥青混凝土混合料碾压前将钢模板拔出，并及时将表面黏附物清除干净。人工摊铺时，卸料车卸料要均匀，以减少工人的劳动强度，摊平仓面时，不能用铁锹将混合料抛填，必须用锹端着料倒入仓面，最好用耙子将混合料摊平，以避免沥青混凝土混合料分离。

由于碾压成型后的沥青混凝土与其两侧的过渡料的结合面为犬牙交错型，振动碾碾压时行走的线路不可能是一条完全笔直的直线，为防止因机械操作手的操作误差而造成沥青混凝土的局部断面尺寸小于设计断面尺寸，为保证沥青混凝土的最小断面宽度满足设计断面宽度要求，施工前模板的宽度调整应略大于设计宽度2～3cm。

人工铺筑段过渡料填筑前，可用防雨布等遮盖心墙表面，防止砂石落入钢模板内，遮盖宽度应超出两侧模板各30cm以上。过渡层的填筑尺寸、填筑材料质量等应符合设计要求。

尼尔基水利枢纽主坝沥青混凝土防渗心墙人工摊铺时，采用改装带料斗的 ZL50 装载机向仓内卸沥青混凝土混合料，人工摊平；过渡料使用反铲摊铺，人工辅助整平与心墙同步施工。

(3) 沥青混凝土混合料的机械铺筑。沥青混凝土防渗心墙采用水平分层、沿坝轴线方向不分段一次铺筑的施工方法，由于特殊情况存在轴向接缝时，其接合坡度一般做成 1:3 的坡，上下层的轴向缝应错开 2m 以上。沥青混凝土混合料摊铺厚度一般为 20~30cm，平面宽度应按设计要求调整，且应保证平整度满足设计要求。

沥青混凝土混合料的铺筑宜采用专用摊铺机械进行，摊铺机械操作人员应进行培训，使之能熟练地操作、驾驶，未经培训合格的操作人员不得上机操作、驾驶。每次铺筑前应对摊铺机械的控制系统进行检查和校正，并根据沥青混凝土心墙和过渡层的结构要求等施工要求调整或校正铺筑宽度、厚度等相关参数。在铺筑过程中应严格按照施工模拟试验成果确定的并经监理工程师批准的铺筑方向、次序、铺筑层厚、铺筑温度进行，铺筑行走速度宜控制在 1~3m/min 范围内。在专用摊铺机械开始铺筑沥青混凝土混合料前，可用压缩空气喷吹沥青混凝土表面的灰尘，如果喷吹不能完全清除污面，可用红外线加热器加热黏污面，软化后用铲刀铲除，必要时可在层面上均匀喷涂一层稀释沥青，待稀释沥青干涸后再铺筑上层沥青混凝土混合料。坝轴线的标定可用激光经纬仪等设备准确测定，然后用金属丝定位标示，施工时操作手可通过驾驶室里的摄像监视器驾驶摊铺机械精确跟踪细丝前进。下层沥青混凝土表面的加热是在专用摊铺机械铺筑行走过程中通过自身携带的红外线加热器同步完成的（加热过程只需 2~3min），也可采用人工加热，表面温度（指沥青混凝土层面以下 1cm 处的温度）需要达到 70℃以上，有效加热深度在 1~1.5cm 范围内，在沥青混凝土表面加热过程中要控制好加热器的前进速度，使其加热均匀，避免过热造成沥青混凝土的老化。对于红外线加热器无法加热到的局部部位，可采用喷灯人工加热至温度要求。在铺筑过程中，铺筑人员必须随时注意摊铺机械料斗中沥青混凝土混合料数量，并保持摊铺机械匀速前进，以防"漏铺"和"薄铺"现象发生。在沥青混凝土混合料铺筑过程中还要随时测量沥青混凝土混合料的温度，发现不合格的料及时清除。

当一天内连续铺筑 2~3 层碾压式沥青混凝土混合料时，由于沥青混凝土混合料的入仓温度高（一般为 150~180℃）而来不及降温，第二、三层沥青混凝土混合料需要在温度较高的软沥青混凝土面上摊铺碾压，这会降低振动碾对沥青混凝土混合料的压实效果，因此，应等待前一层沥青混凝土温度降到一定程度再进行下一层的铺筑，在温度较高的软沥青混凝土面上进行铺筑的施工工艺应通过试验确定。尼尔基水利枢纽主坝沥青混凝土防渗心墙在导流明渠段施工时采用 WALO 公司的专用摊铺机摊铺，一天内连续铺筑 2~3 层沥青混凝土混合料，四川冶勒水电站在 90℃沥青混凝土层上进行沥青混凝土混合料铺筑均获得成功。但尼尔基水利枢纽主坝沥青混凝土防渗心墙施工期的沉降变形开始较大，然后逐渐稳定，这说明在下层沥青混凝土没有充分冷却的前提下就继续施工，容易引起较大的碾压式沥青混凝土防渗心墙施工期沉降变形。

沥青混凝土心墙采用专用摊铺机械施工时，沥青混凝土混合料和过渡料的摊铺由摊铺机械自带的可调宽度的钢模板控制各自轮廓线，摊铺厚度由摊铺机械自动调节。摊铺机械

第四节 沥青混凝土防渗墙施工

无法控制的范围应采用机械或人工补铺。心墙两侧的过渡料、坝壳填筑应与沥青混凝土心墙同步上升,高差不应大于40cm。

沥青混凝土心墙钻孔取芯后,心墙内留下的孔洞应及时回填。回填时,先用高压风水枪将钻孔冲洗干净,擦干孔内积水,然后用管式红外加热器将孔壁烘干并使沥青混凝土达到规定的温度后,再用热沥青混凝土混合料按5cm一层分层回填。当沥青混凝土表面温度低于70℃时,应采用红外线加热器加热,使其温度不低于70℃。加热时间不得过长,以防沥青老化。

当气象预报有连续强降雨时不安排施工;有短时雷阵雨时,遇雨及时停工,雨停立即复工;日降雨量小于5mm可以正常施工。当有大到暴雨及短时雷阵雨预报及征候时,应做好停工准备,停止沥青混凝土混合料的制备。遇雨停工时,接头需做成缓于1:3的斜坡。当日降雨量小于5mm施工时,沥青混凝土混合料拌和、储存、运输全过程要采用全封闭覆盖方式,摊铺机沥青混凝土混合料漏斗口设置自动启闭装置,受料后及时自动关闭,摊铺后用防雨篷车或防雨布覆盖,碾压密实后心墙高于两侧过渡料1~2cm,呈拱形层面以利排水。两侧岸坡混凝土垫座设置挡水埂,防止雨水流向心墙部位。雨后复工采用高压风冲洗仓面积水,用红外线加热器或其他设备加热以加速层面干燥,保证层间紧密结合。未经压实而受雨浸水的沥青混凝土混合料应全部铲除。

3. 沥青混凝土防渗心墙的碾压施工

(1)常温碾压施工。无论是人工摊铺还是机械摊铺沥青混凝土混合料,当铺料厚度确定以后,需要采用现场使用的振动碾对不同温度的沥青混凝土混合料进行不同碾压遍数的碾压试验,一般先静压两遍,再按设计要求的密度进行振动碾压,以确定沥青混凝土混合料的最佳碾压温度和碾压遍数。

沥青混凝土混合料碾压应严格控制沥青混凝土混合料碾压温度,既做到沥青混凝土混合料不黏碾、陷碾,又确保沥青混凝土混合料经压实后满足沥青混凝土质量要求。沥青混凝土混合料的碾压温度宜控制在140~160℃。由于过渡料的压实系数一般高于沥青混凝土混合料的压实系数,因此,当采用贴缝碾压时,过渡料的摊铺厚度要略高于沥青混凝土混合料2~3cm;当沥青混凝土心墙宽度小于振动碾碾轮宽度时,沥青混凝土心墙采用骑缝碾压的方法施工。由于骑缝碾压时过渡料会对振动碾碾轮起到一定的架撑作用而降低沥青混凝土混合料的压实效果,为保证骑缝碾压施工时的压实质量,过渡料的摊铺厚度宜略低于沥青混凝土混合料的摊铺厚度2~3cm。心墙铺筑后,在心墙两侧2m范围内,禁止使用大型机械压实坝壳填筑料,以防心墙局部受震畸变或破坏。各种机械不得直接跨越心墙,沥青混凝土混合料和过渡料的碾压施工设备一般不得混用。

心墙两侧的过渡层料应同时铺填压实,防止钢模板移动。碾压式沥青混凝土防渗心墙距钢模板15~20cm的过渡层料先不压实,待钢模板拆除后,与心墙骑缝碾压。过渡层的填筑尺寸、填筑材料以及压实质量等应符合设计要求。

对碾压不合格或因故停歇时间过长、温度损失过大、未经压实而受雨、浸水的沥青混凝土混合料应清除、废弃。在清除废料时,不得损害下部已铺筑好的沥青混凝土。

沥青混凝土混合料在摊铺过程中遇雨时应及时停止摊铺,并用事先准备好的防雨布立即覆盖已摊铺的沥青混凝土混合料,采用铺防雨布碾压沥青混凝土混合料,避免雨水落入热沥青混凝土混合料中形成汽化气泡,造成沥青混凝土混合料温度损失,导致沥青混凝土混合料难以碾压密实。

尼尔基水利枢纽主坝沥青混凝土防渗心墙采用德国 BOWAG 公司生产的 BW120AD—3 双轮振动碾和瑞士阿曼公司 R66 振动碾错位碾压,振动碾的行走速度控制在 25～30m/min,碾压温度控制为 140～150℃,先静碾 2 遍,再振碾 6 遍,最后静碾 2 遍压平至光亮。对于与岸坡结合部位及振动碾碾压不到的部位,采用小型振动夯夯实。在碾压过程中要求振动碾不得突然刹车,或横跨心墙碾压,轴向接缝处碾压需要重叠 30～50cm 碾压,以保证碾压后的施工质量。由于摊铺机最大摊铺宽度只有 3.5m,故摊铺机无法控制的范围,采用 1.2m³ 反铲在摊铺机后侧进行补铺过渡料,随后用小型推土机摊平补铺部分过渡料。距心墙边缘 4m 范围内采用德国 BOMAG 公司生产的 BW120AD—3 双轮振动碾振动碾压,以防止过大的激振力扰动或破坏下层已施工的心墙。

(2) 冬季碾压施工。碾压式沥青混凝土施工对温度比较敏感,当沥青混凝土心墙在气温 0℃ 以下或气温 5～15℃ 且风速大于 4 级的情况下施工时,沥青混凝土混合料温度损失较快,尤其是摊铺层表面和侧面与外部低温环境接触部位温度损失更快,容易造成热沥青混凝土混合料碾压不密实,影响沥青混凝土施工质量的可靠性,为此,在正式进行碾压式沥青混凝土低温施工之前,应选择与施工环境相同的气候条件进行现场施工模拟试验,通过现场施工模拟试验研究确定沥青混凝土低温施工配合比、拌和楼、储运设备及摊铺碾压设备的保温方式和方法、沥青混凝土层间结合面的加热措施、沥青混凝土混合料的出机口温度、碾压施工过程中沥青混凝土混合料的保温措施、适宜的沥青混凝土碾压温度、碾压遍数、碾压过程中需要采取的其他辅助措施、施工后的沥青混凝土心墙保温防护措施等,在经过充分的技术论证后,正式施工时还应加强施工组织管理,使各工序紧密衔接,做到及时拌和、运输、摊铺、碾压,尽量缩短作业时间,并加强沥青混凝土低温施工各环节的质量检测控制工作,以保证碾压沥青混凝土的施工质量。

在低温季节施工,沥青混凝土混合料在施工过程中的热量损失将随着作业时间的加长而迅速增大。因此,要做到及时地拌和、运输、摊铺、碾压,尽量缩短作业时间,并做好降温、降雪或大风等的防护和停工安排。根据作业场所的环境温度和运输距离,在运输设备上适当增加具有良好保温效果的保温设施,如在车厢或料罐四周和底部加设保温层,上部则可用防雨布或棉毛毡覆盖等,使运到现场的沥青混凝土混合料温度(在表面 5cm 深度内)在 160℃ 以上。根据陕西正岔水库、石砭峪水库、三峡茅坪溪土石坝、尼尔基大坝、四川冶勒大坝等工程沥青混凝土的施工实践,日平均气温在 -5～5℃、晴天、9—16 时的某个时段内环境气温可以达到 5℃ 以上,在施工顺畅的情况下,在该时段基本上不采取任何保温措施进行沥青混凝土混合料铺筑就可以达到设计规定的压实度要求。

尼尔基水利枢纽工程主坝沥青混凝土防渗心墙低温、负温的现场场外施工研究成果表明,在施工日平均气温 3.5℃(在 -2～9℃ 范围内,风力 3～4 级)、-7.5℃(在 -11～-4℃ 范围内,风力 3～4 级)情况下,在没有采取任何保温措施的情况下,采用沥青混凝土混合料的上限拌和温度,实测其运输过程中的温度损失为 1℃ 左右;层面加热采用摊铺机本身携带的红外线加热器加热,采用摊铺机摊铺,摊铺结束后采用帆布覆盖碾压,碾压施工结束后利用保温罩保温,保温罩内环境温度可达 60℃ 左右,低温冷却后现场铺筑层、

第四节　沥青混凝土防渗墙施工

层间结合面施工质量检测成果均满足了设计要求。在日平均气温-13.5℃（在-17～-10℃范围内，风力3～4级）环境气候条件下，沥青混凝土混合料拌和系统和摊铺机械等施工设备因为没有保温措施而无法启动，施工时改用简易拌和系统制备沥青混凝土混合料，在运输过程中用保温喂料罐保温，摊铺时由保温喂料罐底部的出口将料卸入钢模板内，人工摊平后提出钢模板，采用帆布覆盖碾压，碾压施工结束后利用保温罩保温，冷却后铺筑层、层间结合面的低温施工质量检测成果也可以满足设计要求。2005年3月，尼尔基水利枢纽工程导流明渠段在-7～5℃环境温度下进行了碾压施工，碾压后的沥青混凝土施工质量检测结果满足了设计要求。此外，四川冶勒大坝沥青混凝土心墙在0～5℃（风力3～4级）环境条件下施工了388层，沥青混凝土心墙施工质量也满足了设计要求。因此，在昼夜温差比较大的北方寒冷地区，只要采取适当的保温防护措施和适宜的碾压施工方法，在-15～0℃、风力小于4级的低温环境下是可以开展碾压式沥青混凝土防渗心墙施工的，施工质量完全可以满足设计使用要求。由于在低温季节施工会增加工程的施工成本，如果工程进度允许，应尽量避免在低温季节进行碾压式沥青混凝土施工。

当沥青混凝土防渗心墙施工结束需要停工时，为了防止寒冷地区沥青混凝土防渗心墙收缩开裂、产生上下游贯穿裂缝，需要对沥青混凝土防渗心墙进行越冬保护。保护措施是在其表面覆盖保温材料，目前多采用干砂等材料对沥青混凝土防渗心墙进行表面覆盖以保温防冻，覆盖材料及其覆盖厚度应根据当地的最大冻结深度和材料的保温效果确定。

4. 沥青混凝土防渗心墙的浇筑施工

(1) 浇筑式沥青混凝土防渗心墙的结构型式。白河水电站302号工程掺配沥青混凝土防渗心墙堆石坝、黑龙江省黑河市西沟水电站、逊克县库尔滨水库、五大连池市山口水利枢纽等十几个工程均采用了浇筑式沥青混凝土防渗心墙防渗技术，心墙的结构型式是采用沥青砂浆砌混凝土预制块作为沥青混凝土防渗心墙的模板（有时也称其为副墙），中间浇筑自密实沥青混凝土，形成浇筑式沥青混凝土防渗心墙，副墙两侧填筑过渡料等坝壳料。这种防渗结构形式目前已作为成熟技术广泛应用于寒冷地区中小型水利水电工程中。

(2) 新型浇筑式沥青混凝土防渗心墙的结构型式。由于以往设计的浇筑式沥青混凝土防渗心墙中的混凝土预制块墙具有一定的刚性，与柔性沥青混凝土防渗心墙的变形能力差异较大，当坝体蓄水受力（或坝体产生较大变形）后，柔性的浇筑式沥青混凝土防渗心墙将受到来自预制块的挤压剪切应力作用，变形较大时沥青混凝土防渗心墙会被拉裂的副墙预制块被动拉裂，在一定程度上影响到防渗心墙的整体稳定性和防渗效果。为了消除这种挤压剪切应力和限制变形的影响，结合其他类似工程的防渗经验，采用了柔性无纺布取代刚性的沥青砂浆混凝土预制块副墙，改砌墙浇筑沥青混凝土为立模衬布或滑模衬布浇筑沥青混凝土。这种结构型式在沥青混凝土浇筑后就可以带模碾压心墙两侧的过渡料，提模后浇筑式沥青混凝土防渗心墙中的沥青可以缓慢浸入无纺布中，形成柔软的复合防渗墙，提模后可以有效地隔开浇筑式沥青混凝土防渗心墙和过渡料，防止浇筑式沥青混凝土浸入过渡料，确保浇筑式沥青混凝土防渗心墙的有效断面尺寸，增加沥青混凝土防渗心墙在下游过渡料上面的承载能力，提高复合浇筑式沥青混凝土防渗心墙的抗变形能力，进而提高了浇筑式沥青混凝土防渗心墙的整体稳定性。此外，无纺布作为隔离层在施工过程中可以有效地分离沥青混凝土和钢模板，冬季施工时还具有一定的保温效果，降低了浇筑式沥青混凝土防渗心墙与过渡料接触部位的冷却速度，有利于浇筑式沥青混凝土防渗心墙愈合密实，解决浇筑式沥青混凝土防渗心墙工程的潜在问题，延长浇筑式沥青混凝土防渗心墙坝的使用寿命。

(3) 浇筑式沥青混凝土防渗心墙的施工。非雨雪天气，浇筑式沥青混凝土防渗心墙都可以正常施工，施工质量可以满足大坝防渗要求，这是经过十几座北方寒冷地区浇筑式沥青混凝土防渗心墙坝施工实践检验的施工技术。浇筑式沥青混凝土防渗心墙施工时，在做好基面处理的前提下，首先利用配制好的热沥青砂浆沿轴向砌筑心墙两侧的已提前预制好的干燥的水泥混凝土砌块墙，两墙之间的宽度即为浇筑式沥青混凝土防渗心墙的宽度；砌块抗压强度一般为 2～3MPa 左右，弹性模量在 1800MPa 以下；在沥青砂浆水泥混凝土砌块墙砌好后，根据浇筑式沥青混凝土混合料的供料速度（供料速度受沥青混凝土搅拌机的搅拌能力和运输供料能力制约），在两墙之间设置挡板，开始浇注具有自密实功能的沥青混凝土混合料，简单插捣几下就可铺填心墙两侧的过渡料；沥青混凝土防渗心墙的上升高度受气候条件影响较大，一般夏季每天一层，冬季两层，每层厚度 40cm 左右。距心墙两侧 50～100cm 范围内的过渡料在沥青混凝土混合料凝固前不允许碾压施工，以免扰动沥青混凝土防渗心墙。碾压时需采用轻型振动两侧同时碾压。冬季浇筑沥青混凝土防渗心墙时，必须对沥青混凝土防渗心墙表面进行保温覆盖，及时铺填心墙两侧的过渡料，避免沥青混凝土防渗心墙快速冷却而产生收缩裂缝。例如山口水利枢纽工程浇筑式沥青混凝土防渗心墙在 -20℃ 左右的气候条件下施工时，由于心墙两侧的过渡料没有及时铺填，心墙表面也没有采用保温覆盖措施，经过一夜的冷却后发现沥青混凝土防渗心墙表面产生了收缩裂缝，采取措施处理后就再也没有发生这样的问题。

立模衬布或滑模衬布浇筑式沥青混凝土防渗心墙施工前，需要做好模板刚度设计、基面处理工作，按照心墙的轴线位置固定好钢模板，安装好钢模板支撑结构，铺填心墙两侧的过渡料并同时进行碾压，确保心墙钢模板不产生肉眼可见的变形和整体错动，过渡料碾压至设计要求的密实度后撤去钢模板内部的支撑件，在钢模板内侧平整固定好无纺布，进行浇筑式沥青混凝土混合料的浇筑，移动（提出或滑动）钢模板，简单插捣几下后就完成了该部位浇筑式沥青混凝土防渗心墙的施工。对于冬季施工的浇筑式沥青混凝土防渗心墙，还需要在心墙表面进行适当的保温覆盖，避免因沥青混凝土表面降温速度过快而引起沥青混凝土密实度与防渗性能的降低和收缩裂缝的发生。

5. 沥青混凝土防渗心墙的振捣施工

振捣式沥青混凝土是在现代沥青混凝土施工技术的背景下提出的一种沥青含量及性能均介于碾压式沥青混凝土和传统的浇筑式沥青混凝土之间的沥青混凝土，施工时需要采用振捣方式使之密实，故称其为振捣式沥青混凝土。它作为土石坝的防渗体，是一种全新的沥青混凝土结构型式，具有结构简单、施工方便、防渗性能安全可靠等优点，广泛适用于大、中、小型水利水电工程的土石坝建设。它既可以像浇筑式沥青混凝土防渗心墙那样砌墙、立模或滑模浇注、振捣密实，也可以像碾压式沥青混凝土那样采用机械化程度较高的铺料机械铺筑、振捣密实，而且施工时还不受环境气温条件的影响，在水利工程中具有广泛的推广价值。

(1) 振捣式沥青混凝土的施工准备。在进行振捣式沥青混凝土施工前，需要参照《土石坝沥青混凝土面板和心墙设计准则》（SLJ 01—88）中密级配水工沥青混凝土矿料级配及沥青含量范围，按照设计要求进行沥青混凝土的配合比设计。开展振捣式沥青混凝土性能试验时，采用长×宽×高为 100cm×30cm×30cm 的试模，常温浇注振捣式沥青混凝土混合料，采用振捣式沥青混凝土专业振捣器振捣密实沥青混凝土，在沥青混凝土试样冷却后，用钻芯取样机在试样中间钻取 ϕ10cm×30cm 芯样，切去两端部分，制成高径比为 2∶1（即 ϕ10cm×20cm）的试件，进行沥青混凝土的各项物理力学性能试验，力学和变形性能试验应在恒温条件下进行，试验温度确定为沥青混凝土防渗心墙工作温度范围的上、下限。渗透试验的试件是从 100cm×30cm×30cm 的试样的侧面钻取加工制作成的标准试件。通过系统的试验，优选出满足设计使用要求的振捣式沥青混凝土施工配合比。

根据振捣式沥青混凝土配合比设计试验成果和振捣式沥青混凝土施工技术要求，编写施工模拟试验大纲，对施工人员进行技术培训，准备足够模拟施工用的仪器和设备，进行振捣式沥青混凝土施工模拟试验，其目的主要是检验振捣式沥青混凝土骨料加工系统、加热计量拌和系统、运输设备组织、沥青混凝土混合料浇注振捣、过渡料摊铺碾压、施工各环节质量控制与检测等的配合与协调能否满足施工要求，施工人员技术培训效果是否满足施工控制要求等，根据施工模拟试验成果完善施工组织设计。

(2) 振捣式沥青混凝土的施工。在振捣式沥青混凝土防渗心墙施工前，与浇筑式沥青混凝土和碾压式沥青混凝土一样，需要对沥青混凝土基面进行处理，水泥混凝土基面需要刷毛处理，涂刷冷底子油和配制好的热沥青砂浆，沥青混凝土面需要除尘和加热至70℃左右；将加工好的钢模板按照心墙的轴线位置固定并安装好钢模板内部支撑件，铺填心墙两侧的过渡料并同时进行碾压，确保心墙钢模板不产生肉眼可见的变形和整体错动，过渡料碾压至设计要求的密实度后撤去钢模板内部的支撑件，在钢模板侧平整固定无纺布，浇注沥青混凝土混合料，移动（提出或滑动）钢模板，将专用振捣器插入沥青混凝土混合料中振动行走，行走速度以振捣后的沥青混凝土混合料表面泛油为控制标准，这种施工方法对中小型水利水电工程尤为适用。对于大型水利水电工程而言，为了加快施工进度，可以采用机械化程度较高的摊铺机械进行沥青混凝土混合料和过渡料的同时摊铺，然后按碾压试验确定的碾压遍数将过渡料碾压至设计要求的密实度，最后开始振捣沥青混凝土混合料，等沥青混凝土混合料冷却后进行沥青混凝土的施工质量检测，质量合格后继续进行沥青混凝土防渗心墙的施工。

对于冬季施工的振捣式沥青混凝土防渗心墙，还需要在心墙表面进行适当的保温覆盖，避免因沥青混凝土表面降温速度过快而引起沥青混凝土密实度与防渗性能的降低和收缩裂缝的发生。如振捣式防渗沥青混凝土在－20℃左右的气候条件下施工密实后，模板两侧及时铺填过渡料且表面进行了保温覆盖的振捣式防渗沥青混凝土没有产生收缩裂缝，钻芯取样的芯样孔隙率小于 2%，密实度达到设计要求，芯样的抗渗性也达到了设计要求；当模板两侧没有及时铺填过渡料且表面也没有采用保温覆盖措施时，振捣式防渗沥青混凝土虽然没有产生收缩裂缝（可能是施工段较短），钻芯取样的芯样孔隙率小于 2%，密实度达到设计要求，但芯样的抗渗性没有达到设计要求，出现了渗漏问题，这说明低温快速冷却虽然可以加快施工进度，但会因为沥青混凝土密实时间短而引起沥青结构的暂时改变（结构疏松），这是一个值得注意的问题。但这种沥青结构的暂时改变（结构疏松）是可以恢复的，但恢复需要一定时间。例如试验研究时预留一条微小裂缝进行渗透试验，随着试验时间的延长，预留的微小裂缝逐渐愈合，直至不再透水，说明沥青具有自愈功能。尽管如此，施工过程中还是应该避免发生安全隐患。

采用振捣式沥青混凝土施工模拟试验时的施工配合比和碾压式沥青混凝土摊铺机械，在尼尔基水利枢纽主坝沥青混凝土防渗心墙导流明渠段第167层（高程217.86～218.06m，该层心墙高20cm、宽50cm、长331m，沥青混凝土工程量约32m³）首次进行了振捣式沥青混凝土的正式施工，施工时的沥青混凝土混合料采用碾压式沥青混凝土现场施工用沥青混凝土混合料拌和系统拌制，沥青混凝土混合料与过渡料摊铺采用沥青混凝土混合料专用摊铺机，沥青混凝土混合料的振捣采用沥青混凝土振捣器——刀式沥青混凝土振捣器——振捣，施工过程与现场施工模拟试验一样顺利，施工各环节配合良好，施工速度满足施工进度要求；主坝（非明渠段和明渠段）碾压式沥青混凝土心墙顶部（高程218.26～218.75m，高约50cm、宽50cm、长1655.93m，沥青混凝土工程量约406m³）工程施工时也采用了振捣式沥青混凝土，施工时在心墙两侧先砌混凝土预制块作模板，根据设计图位置安装60cm宽的止水铜片（用直径10mm钢筋架固定Z形止水铜片，一半埋入沥青混凝土心墙内，另一半在之后埋入防浪墙底板内），用经改装的装载机沿线先后错开约10m，分两层往模板内卸料，人工摊平后用自制的两台小型刀式振捣器在止水铜片的两侧人工振捣，振捣器的移动速度不大于2m/min，直至沥青混凝土表面返"油"为止。沥青混凝土混合料入仓振捣温度不得低于150～160℃。通过这些部位的施工填补了我国沥青混凝土施工技术的空白，标志着振捣式沥青混凝土可以作为一项成熟的施工技术在大、中、小型水利水电工程土石坝沥青混凝土防渗墙工程中推广应用。

6. 接缝与层面处理有关技术要求

（1）与沥青混凝土相接的常态混凝土表面必须粗糙平坦，需做打毛处理，将其表面的浮浆、乳皮、废渣及黏着污物等全部清除干净，保证混凝土表面干净和干燥。人工凿毛时务必注意只要将混凝土表面的浮浆、乳皮、废渣及黏着物清除掉即可，不允许造成表层混凝土松动，影响沥青混凝土与常态混凝土的黏结强度。

（2）沥青混凝土与常态混凝土的结合面设有层厚1.5cm薄层砂质沥青玛琋脂。玛琋脂层要均匀平整，不流淌，无鼓包，与混凝土黏结牢靠。底层混凝土要加热到70℃，料温保持130～150℃。沥青玛琋脂的配合比、铺设方法和时间等，均应采用现场试验所提供的相应参数。砂质沥青玛琋脂的配比（重量比）宜为沥青：矿粉：细骨料＝1：2：2，沥青玛琋脂成品温度宜达到140℃，以保证和易性好。沥青玛琋脂铺设前，应在已清理干净的混凝土表面均匀地喷涂两遍冷底子油，确保无空白，冷底子油（稀释沥青）的配比（重量比）宜为沥青：汽油＝3：7或4：6，用量约0.2kg/m²，潮湿部位的混凝土在喷涂前应将表面烘干。待冷底子油干涸后，至少不小于12h，方可铺设沥青玛琋脂。铺筑沥青混合料时，沥青玛琋脂表面必须保持清洁，必要时应予以加热。

（3）铺设沥青玛琋脂和沥青混合料时，要注意对止水铜片的保护和校正，不得对止水片有任何损害。铺设前，止水铜片表面应干燥洁净，并涂两遍冷底子油。

（4）陡坡部分要由下至上涂抹，要拍打振实，必要时待温度降到120～130℃时再由下至上抹压一次，务使与底层黏结牢固，并防止温度降低收缩产生发丝裂缝。沥青玛琋脂铺

第四节 沥青混凝土防渗墙施工

设完毕之后不得有人或机械直接跨越。

（5）施工横向接缝除做成缓于或等于 1∶3 的结合坡度外，还应按层面处理方式处理。

（6）层面处理要求。对于连续上升，层面干净，且已压实的沥青混凝土表面温度大于70℃，沥青混凝土层面不作处理，可继续上升，否则应对层面进行处理。对因故停工、停歇时间较长、较脏的沥青混凝土层面，应对层面清理干净后，再进行加热。当层面加热的温度大于70℃，即可铺筑上层沥青混合料。对于压实后的沥青混凝土层面污物，也宜采用高压风枪喷砂处理，如无法吹（洗）净，应利用红外线加热器加热，使之变软，然后将变软的沥青混凝土表层连同污物一同铲除。

第六章 高压喷射灌浆施工技术

第一节 高压喷射灌浆法概述

一、高压喷射灌浆法简介

高压喷射灌浆（jet grouting）法是在静压灌浆（grouting）法基础上发展起来的，主要使用高压射流冲击土体，使浆液与土颗粒强制搅拌混合并最终形成具有一定强度和抗渗性能的固结体，简称"高喷灌浆法"。

高压喷射灌浆法最早创始于日本。在20世纪60年代末，日本N.I.T公司在日本大阪地铁开挖工程施工时，起初采用冻结法固结土体，后因冻冰融化改用静压灌浆法，浆液从土层交界面大量流失，达不到加固地基和止水的预期目的。日本的中西涉创造性地将水力采煤技术与静压灌浆技术结合，以高压水泥浆射流冲击土体，使水泥浆与冲碎的土颗粒混合，在地层中形成一圆柱状固结体，用高喷处理后的地基便具有了良好的加固效果。虽然当时旋喷桩直径仅有0.3～0.35m，但它的意义重大，由此产生了高压喷射灌浆法，定名为CCP工法（chemical charning pileor pattern），我国简称"单管法"。1973年在莫斯科召开的第八届国际土力学会议上，高压喷射灌浆法得到各国代表的关注和好评。

高压喷射灌浆法简单说就是利用造孔设备造孔达到预定孔深，用高压发生设备（高压泵）通过装置在高压喷射管底部的两个高压喷射嘴，产生高压固化浆液喷射流冲切、搅混地层土体，同时通过旋转和提升装置使其按某种速度旋转、提升高压喷射管，在高压喷射流作用下，地层的土体结构被破坏，并将土体颗粒和固化浆液搅拌混合，混合浆液固化后形成具有某种性质与形状的固结体，从而改善地基承载力及抗渗等性能。

二、高喷灌浆在国内的发展

我国引进高压喷射灌浆技术到目前已有40年历史，1975年铁道部门率先进行了单管法高压喷射试验和应用，1977年冶金部门在宝钢工程建设中进行了三重管法高压喷射获得成功。当时主要用于处理软土地基，以提高地基承载力为主，很少用于防渗。到了20世纪70年代后期，我国水利系统发现当时施工的混凝土防渗墙相邻两个槽孔板墙存在开叉或夹有泥皮现象，防渗墙与下部基岩的连接往往存有沙包等隐患，致使不少混凝土防渗墙存在集中渗漏等问题。同时对已建堤坝下部进行防渗时，也须穿过坝体进行开槽造孔，使不需要防渗处理的坝体受损伤。为解决这些技术难题，急需研究一种新的防渗技术，能够克服上述缺点。由山东水利科学研究所对高压喷射注浆的原理、施工设备及工艺进行深入的研究后，结合工程实际将高压喷射注装设备及工艺进行改进，使该技术更加适合堤坝防渗施工的要求，并先后进行了高喷注浆防渗试验及工程应用，取得了丰富的试验资料和成果，将高喷技术拓展到抛石、爆破石碴、有潮水波动的抛石等大粒径地层，同时提出了一整套较为完善的高压喷射注装防渗加固技术，并开始用于水利工程防渗。20世纪末，水利部东北岩土工程公司在原有的振孔定喷和摆喷技术基础上成功开发了振孔旋喷技术，简化了旋喷注浆的程序，使钻孔旋喷的打孔和注浆两个步骤一次完成，从而解决了在松散的砂卵石、漂石、人工块石堆积地层钻进成孔困难这一难题。21世纪初，上海隧道工程有限公司的科研项目"大深度、大直径旋喷设备及工艺研究"运用双高压旋喷技术获得了加固深度50m、固结体直径2m的骄人成绩，并运用于上海轨道佳通4号线修复工程中，这也是我国当前旋喷工艺的最高水平。

三、高喷灌浆工法的形式与分类

（一）高喷灌浆工法的形式

高压喷射灌浆形成的固结体的形状，与喷嘴的运动方式具有极大的相关性。目前一般分为三种基本形式，分别为：旋喷、定喷和摆喷，如图6-1所示。

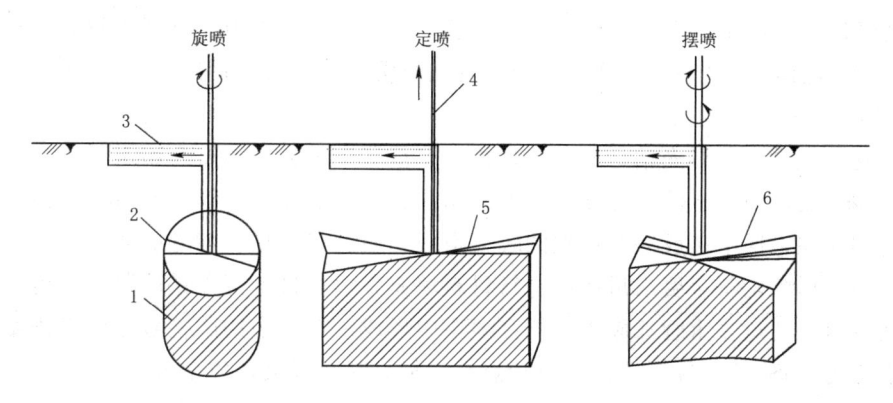

图6-1 高压喷射灌浆的三种基本型式
1—旋喷桩；2—高压射流；3—孔口返浆；4—高喷管；5—定喷板墙；6—摆喷墙

高压旋喷施工时，由于是旋转、提升结合动作，形成的固结体扩散面积大，有较高的抗压、抗剪强度，故可以大大提高地基承载力。

定喷法施工时，喷嘴喷射的方向固定不变，在高压喷射管带动下边喷射边提升，形成的固结体成板状或壁状。

摆喷法施工时，喷嘴喷射的方向呈一定角度进行往复摆动，在高压喷射管带动下边喷射边提升，形成的固结体成墙状，其中邻近喷嘴处较薄，远离喷嘴处较厚。

定喷及摆喷因所成固结体形状成板墙状，通常不作为提高地基承载力的工程手段，多用于基础防渗，如基坑基础防渗、挡水建筑物防渗帷幕等。

（二）高喷灌浆工法的分类

当前，高压喷射灌浆法基本分四类，分别为：单管法、二重管法、三重管法、多重管法。

1. 单管法

单管法高压喷射是指用机械把装置喷嘴的高压喷射管放入地层某一深度，用高压泵将20~40MPa压力的水泥浆液自喷嘴喷出，冲击破坏土体，再通过提升和旋转装置使高压喷射管边转动边提升，水泥浆液与地层中土颗粒搅拌并混合在一起，经过一定时间后，地层中便成为某种形状固结体，此工法也称为CCP工法，主要特点是单管单介质。

2. 二重管法

二重管法与单管法的主要区别在于使用了双通道高压喷射管，在同轴双重喷嘴中同时喷射 20～40MPa 压力的水泥浆液和 0.7MPa 左右的空气，高压水泥浆射流在环状空气的保护下大大减小能量衰减，扩大喷射距离，并能更充分地将水泥浆与土体颗粒搅拌混合，二重管法施工形成的固结体范围比单管法有明显提高。这种方法也称为 JSG 工法，主要特点是双管双介质。

3. 三重管法

三重管法主要使用三个相对独立的管路，分别输送水、气、浆三种介质。其中高压泵产生 20～40MPa 高压水射流，空压机产生的 0.5～0.7MPa 左右的环状气流，高压水和环状气流同轴喷射，冲搅土体。泥浆泵泵入 2～5MPa 压力的水泥浆液作为胶凝材料，喷嘴在高压喷射管带动下做定、摆、旋动作和提升运动，这样在地层中会凝固为较大体积的固结体，这种方法也称为 CJP 法。主要特点是三管三介质，且是以高压水为能量介质冲击土体。

4. 多重管法

多重管法主要利用事先钻好的导孔，置入多重管，用旋转的超高压水射流（一般大于 40MPa）冲切破坏四周土体，并逐渐向下运动。被冲切搅混在一起的沙石和土浆用真空泵抽出，这样便在地层中形成一个可控的较大空间，通过安装在喷嘴处的超声波传感器，测出空间大小和形状，符合要求后便可进行材料填充，填充材料可以是砂浆，也可以是混凝土或其他材料。通过多重管法施工，能在地层中形成一定大小的圆柱状全置换固结体。这种方法也称为 SSS－MAN 工法。主要特点是成桩材料全置换，质量可控。

四、高压喷射灌浆的优势和特点

高压喷射灌浆以高喷射流冲击破坏土体，浆液与土颗粒通过掺搅、混合、升扬置换、凝结等综合作用，可在所需处理地层中形成所要求的半置换或全置换的凝结体。该项技术从施工工法、加固质量到适用范围，不但与静压灌浆法有所不同，而且与其他地基处理方法相比，亦有独到之处。高压喷射灌浆法的特点如下。

1. 应用范围广

高压喷射灌浆法适用的地层非常广泛，基本可以对所有软基地层进行加固。但在一些特殊地层条件要进行现场工艺试验，如动水条件下卵砾石层，含大块石地层等。高压喷射灌浆法可用于工程修建前和修建中，也可用于工程修建后，在不损坏建筑物上部结构和不影响正常使用的前提下完成工程需求。

2. 施工简便

设备较轻便，机动性强，施工时只需在土层中钻一个孔径为 60～140mm 的小孔，便可在土中喷射成直径为 0.4～4.0m 的固结体，而且不释放地基应力，不会破坏已有建筑物。因而能贴近已有建筑物基础建设新建筑物。

3. 可控制固结体形状

通过对高压喷射类型和型式的不同组合和高压喷射孔倾角的不同要求，结合高压喷射参数设计（如喷射速度、提升速度、喷射压力、喷射方向、喷射持续时间、喷嘴孔径、喷射流量等），可以建造出各种形状和空间位置分布的固结体和高压喷射墙结构形式。如旋摆连接、板桩连接、定摆连接、旋喷柱列、摆喷成墙等，也可以建造各式特殊形状固结体,如饼状、旋喷糖葫芦状、扇形、半圆形等。

4. 可垂直喷射也可倾斜和水平喷射

通常情况下,采取在地面进行垂直喷射灌浆,但在隧道、矿井巷道工程、地下铁道建设中,亦可采用倾斜和水平喷射灌浆。

5. 可灌性好

由于高压喷射灌浆是用高速喷射流强制破坏土体,所以它可以在不可灌地层(如细砂、粉土和黏性土等地层)构造出符合设计要求的凝结体。

6. 可控性好

在高压喷射灌浆时,除有一少部分浆液沿着管壁冒出地面外,大部分浆液会集中在喷射流破坏地层范围之内,很少出现在土层中流窜很远地方的现象。而且凝结体的强度和性能可通过浆液的配制达到设计要求。

7. 连接性好

高喷凝结体之间的连接,高喷凝结体与下部基岩的连接,新做高喷凝结体与已有建筑物的连接,均能做到牢固可靠,所以适用于各种工程的防渗堵漏。

8. 料源广,价格低

高压喷射材料以水泥为主,辅助材料包括化学材料、粉煤灰等。一般地基与基础工程均使用 R42.5 普通硅酸盐水泥。当高压喷射固结体有特殊性能要求时,根据工程需要,在浆液中适量增加外加剂,可大幅提高凝固速度和早期强度,提高稳定性和抗冻等性能。根据工程实际,可选择在水泥中加入部分粉煤灰,降低施工成本。

9. 设备简单,管理方便

高压喷射灌浆设备简单,结构紧凑,体积小机动性强,能在狭窄低矮现场施工。施工管理方便,高压喷射灌浆施工中,通过对高压喷射介质的压力、吸浆量和返浆情况的量测,即可间接地了解喷射灌浆的效果和存在的问题,以便及时调整喷射参数或改变工艺,确保固结体质量。在多重管喷射时,更可以从屏幕上了解空间形状和尺寸,然后按设计要求回填所需的材料,施工管理十分方便有效。

10. 安全生产

高压喷射灌浆施工较为安全,这是因为各种高压设备如高压水泵、高压泥浆泵等均有安全阀门和超压自动停机、自动泄压装置,即当压力超过规定值时,阀门便自动开启、泄浆降压或自动停机,不会因堵孔升压造成爆炸事故。

11. 无公害

高压喷射灌浆施工影响范围小,浆液基本上在加固桩径范围内凝固,不外泄,不会对周围环境和水资源造成污染;施工噪声小,无振动,亦不会产生地基沉陷或隆起,无公害产生。

第二节　高压喷射灌浆基本原理

一、高压喷射流的流态和性质

高压喷射灌浆是通过高压发生装置,产生一股能量高度集中的液流,切割地层,搅拌浆液与土体，并凝固成具有防渗能力和一定强度的固结体。在喷射过程中，高压喷射流的流态与高压发生装置的特性、管路、喷嘴直径大小及喷嘴的加工质量等因素有关，一般有三种流态，即连续喷射流、连续脉冲喷射流和间歇性喷射流。

连续喷射流的压力和速度均不随时间变化，流量连续且均匀，对目标体的作用为连续均匀的动荷载。

连续脉冲喷射流的压力和流量按一定周期变化，是一种具有脉冲波动幅度的不均匀喷射流，它对目标体的冲击性较小。

间歇性喷射流是靠较长时间内积累起来的动量突然释放，使低压水在极短的时间内变成高速液流从喷嘴中喷射出来，是一种不连续的脉冲喷射流，其流速高、能量大，对目标体的冲击性也较大。

国内外高压喷射灌浆所采用的高压发生装置一般为双缸双作用活塞（柱）往复式高压泵和三缸单作用活塞（柱）往复式高压泵。由于活塞（柱）是变速作用的，每一瞬间的流量也随之变化，因此产生的喷射流为连续脉冲液流，它对目标体的作用虽是冲击性较小的动荷载，但足以切割地层。

高压水经过喷嘴形成的高速水流，其能量形式由压能变为动能，根据流体力学，高压喷射流的速度计算公式为

$$v_0 = \varphi \sqrt{2g \frac{p}{\gamma}} \tag{6-1}$$

可改写为

$$\varphi^2 p = \frac{\gamma v_0^2}{2g}$$

令 $p_0 = \varphi^2 p$，可得

$$p_0 = \varphi^2 p = \frac{\gamma v_0^2}{2g} \tag{6-2}$$

式中　v_0——喷嘴出口流速，m/s；
　　　p——喷嘴入口压力，Pa；
　　　p_0——喷嘴出口压力，Pa；
　　　γ——水的密度，g/cm³；
　　　φ——喷嘴流速系数，圆锥形喷嘴可取 $\varphi \approx 0.97$；
　　　g——重力加速度，9.81m/s²。

高压水喷射流的流量等于喷嘴出口面积 F_0 与出口射流流速的乘积，即

$$Q = \mu F_0 v_0 \tag{6-3}$$

将式（6-1）代入式（6-3）可得

$$Q = \mu F_0 \varphi \sqrt{2g \frac{p}{\gamma}} \tag{6-4}$$

式中　μ——流量系数，圆锥形喷嘴可取 $\mu = 0.95$。

在高压高速条件下，喷射流具有很大的能量，若喷射流压力在时间 t 内做的功为 A，则功率为

$$N = A/t \tag{6-5}$$

喷射压力所做的功 A 如图 6-2 所示。也可用作用在活塞上的总压力 $P=pF_0$（F_0 为活塞承压面积）和推动活塞移动的距离 l 来表示，见式（6-6）：

$$A=Pl=pF_0l=pV \quad (6-6)$$

式中　V——流体体积；
　　　p——单位面积上所承受的压力。

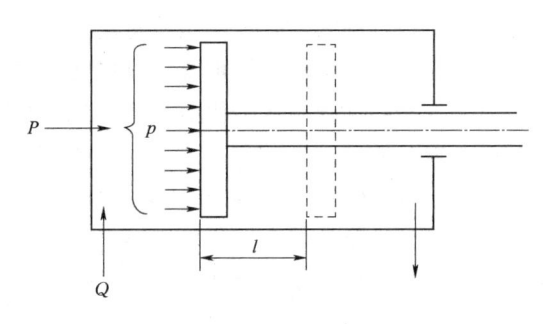

图 6-2　喷射流做功示意图

将式（6-6）代入式（6-5）得喷射流的功率为

$$N=A/t=pV/t=pQ \quad (6-7)$$

再将式（6-4）代入式（6-7），并按 $1kW \approx 1000N \cdot m/s$，可得喷射流功率的计算公式：

$$N=3p^{3/2}d_0^2 \times 10^{-9} \quad (6-8)$$

式中　N——喷射流功率，kW；
　　　d_0——喷嘴直径，cm；
　　　p——泵压力，Pa。

如果喷射流的压力分别取 10MPa、20MPa、30MPa、40MPa、50MPa，喷嘴出口直径为 3mm，则它们的速度和功率见表 6-1。从表 6-1 中可以看出，虽然喷嘴的出口孔径只有 3mm，但是连续不断的高速射流却携带了巨大的能量。

表 6-1　　　　　　　　　　喷射流的速度和功率

喷嘴入口压力 p/MPa	喷嘴出口孔径 d_0/mm	流速系数 ψ	流量系数 μ	射流速度 v_0/(m/s)	喷射流的功率 N/kW
10	3.0	0.963	0.964	136	8.5
20	3.0	0.963	0.964	192	24.1
30	3.0	0.963	0.964	243	44.4
40	3.0	0.963	0.964	280	68.3
50	3.0	0.963	0.964	313	95.4

注　ψ、μ 为收敛圆锥 $13°24'$ 角度嘴的水力实验值。

二、高压喷射流的种类及其构造

由于高压喷射流的压力衰减急剧，即使喷射压力很高，也常常不能达到预期高效率破碎土体的效果。然而当在高压喷射流外部喷射高速高压气流后，有效喷射距离明显增长，这表明了高速气体具有减缓高压喷射流动压力急剧降低的作用。

高压喷射灌浆所使用的喷射流共有四种：

(1) 单管喷射流。单管喷射流为单一的高压水泥浆液喷射流。

(2) 二重管喷射流。二重管（或两管）喷射流为高压浆液喷射流与其外部环绕的压缩空气喷射流，组成为复合式高压喷射流。

(3) 三重管喷射流。三重管（或三管）喷射流由高压水喷射流与其外部环绕的压缩空气喷射流组成，亦为复合式高压喷射流。

（4）多重管喷射流。多重管（或多管）喷射流为高压水喷射流。

以上四种喷射流破坏土体的效果不同，但其构造可划分成单液高压喷射流和水（浆）气同轴喷射流两种类型。

（一）单液高压喷射流的构造和特性

单管高喷灌浆使用高压喷射水泥浆流和多重管（或多管）的高压水喷射流，它们的射流构造和特性可用高速水连续喷射流在空气中的模式予以说明。

1. 单液高压喷射流的构造

高压喷射流的几何形状如图6-3所示。沿喷射中心轴，喷射流可分为初期区域、主要区域和终期区域。初期区域包括喷流核和迁移区，其长度是喷射流的一个重要参数。它代表了喷射流的能量，长度愈长，则喷射流对土的破碎和搅拌效果就愈好。而长度随压力不同而有变化，在低压力时变化较大，一般随压力增加而减小。

在空气中喷射，当压力为0.1～1.0MPa时，喷嘴附近的喷射流不卷吸空气，喷射核较长，初期区域长度也较大，如图6-4（a）所示；当压力升至1.0～3.0MPa时，如图6-4（b）所示，喷射流存在喷射核和迁移段；当压力为7.0MPa左右时，喷射流的流速较大，喷嘴出口处存在涡流，当压力大于10.0MPa时，喷射流的初期区域长度则减小，如图6-4（c）所示，但其结构本身与图6-4（b）状态相似，没有明显变化。超高压时（通常指超过100.0MPa的压力）初期区域长度接近常数。因此初期区域长度的经验值可用下式估算：

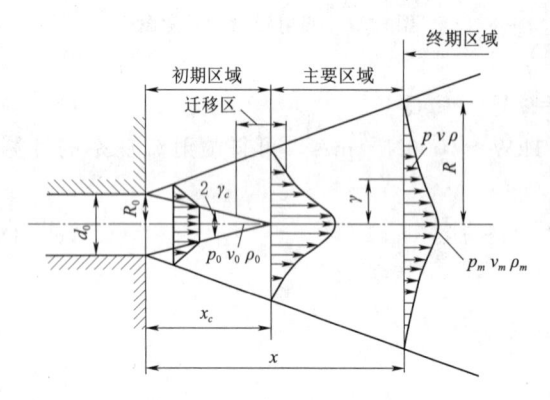

图6-3 高压射流的构造

p_0、p_m——喷口及距喷口为x处的动压力；

v_0、v_m——喷口及距喷口为x处的喷射流轴上的流速；

ρ——水的密度

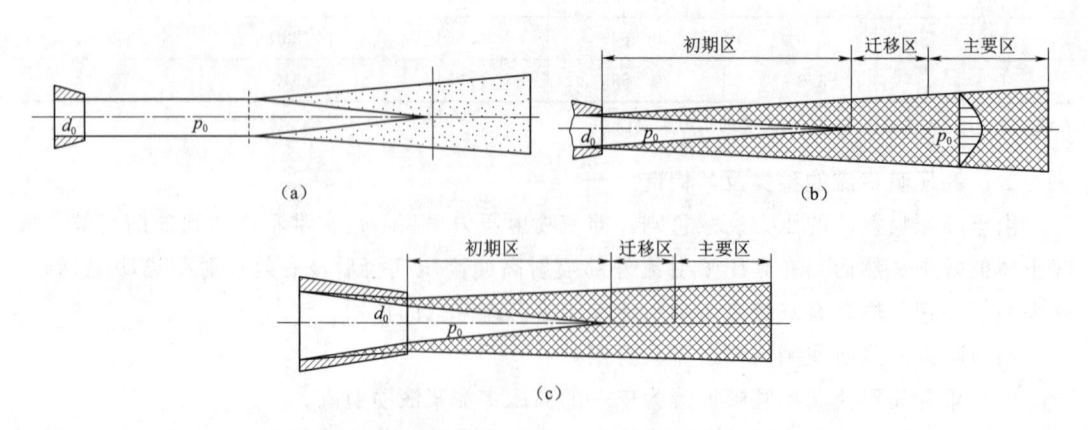

图6-4 喷嘴出口压力不同时喷射流的结构变化

(a) 低压；(b) 中压；(c) 高压-超高压

低压时：
$$\frac{x_c}{d_0}=A_c-B_c\lg Re \quad (6-9)$$

高压时：
$$\frac{x_c}{d_0}=\text{const}（常数） \quad (6-10)$$

式中　x_c——初期区域长度，m；

　　　d_0——喷嘴出口直径，mm；

　　　Re——雷诺数；

A_c、B_c——形成喷射流的供液部分和喷嘴状态的特性参数，$A_c=85\sim112$，$B_c=68\times10^{-6}$。

在压力为 $10\sim50$MPa 范围内，喷嘴直径分别为 1mm、2mm、3mm、4mm，取 $A_c=100$，喷射流相对初期区域长度 x_c/d_0 值见表 6-2。

表 6-2　　　　　　　　不同压力时喷射相对初期区域长度

压力 p/MPa ＼ d_0/mm	1	2	3	4
10.0	91.5	84	77	69
20.0	89	78	67	56
30.0	87	73	60	47
40.0	85	69	54	39
50.0	83	66	48	31

从表 6-2 可以看出，在低压范围内，喷射流的初期区域长度随压力和喷嘴出口直径的增加而减小；由于低压和高压两个范围的界限不是一定的，所以在应用时绝大多数采用高压范围的计算式（6-9）。在高压范围，一般取 $x_c=(50\sim100)d_0$；在空气中喷射空气流，$x_c=(5\sim8)d_0$；在水中喷射水流时，其初期区域长度 x_c 与排出压力 p_0 无关，其变化值为 $1.5\sim1.7$，如图 6-5 所示，即 $x_c=(7.5\sim8.5)d_0$。

另外，初期区域长度 x_c 还因喷嘴形状、喷嘴内腔面加工的精细程度及高压发生系统的不同而异。

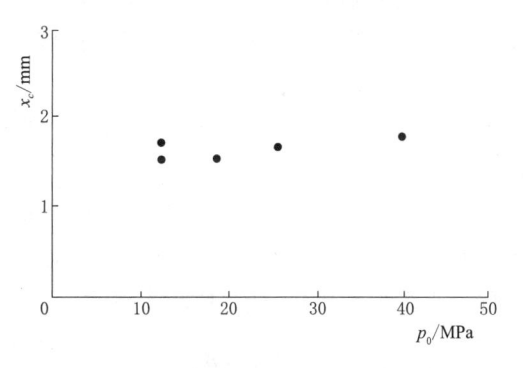

图 6-5　清水中喷射的水喷流的排出压力 p_0 和初期区长度 x_c 的关系

初始区域之后是主要区域，由于能量转换和沿程损失，轴向动压陡然减弱，喷射流速度进一步降低，但其扩散率为常数，扩散宽度和距离的平方根成正比，在土中喷射时，喷射流与土在本区域内搅拌混合。

喷射流的最后一个区域为终期区域，该区域能量处于衰竭状态，喷射流雾化很大，水滴呈雾化状，与空气混合在一起最后消散在空气中。

2. 单液喷射流的基本特性

(1) 喷射流的卷吸和扩散现象。高速液流从喷嘴中喷射出来后，由于速度较高，喷射体与周围静止介质（如土粒、空气、地下水等）之间，产生较大的速度梯度，靠近喷射流边界外部的介质，因摩擦作用而运动起来，一部分静止的介质被卷吸带走，使喷射流边界周围造成低压区，外部介质向边界流动并不断被喷射流卷吸，另一部分介质比喷射流的速度低，产生垂直于喷射流方向的运动。随着流程的延伸，喷射流卷吸周围静止介质的数量随之增加，喷射流的宽度逐渐展宽。由于能量的转换和沿程损失，喷射流的动压和流速下降，密集的喷射流逐渐扩散和雾化。最后能量也就很快消散掉，如图 6-6 所示。

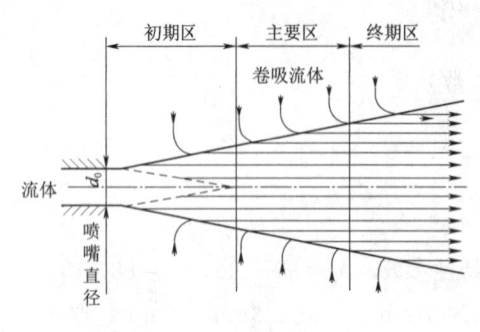

图 6-6 喷射流的状态

试验发现，喷射流在空气中和水中的构造极为近似，但喷射流的扩散程度却大不相同，距喷嘴 x 处喷射流的扩散半径与 x 的关系为

$$R = Kx^n \tag{6-11}$$

式中　R——喷射流在考察点处的扩散半径；
　　　K——系数；
　　　x——考察点距喷嘴的距离。

参数 n 与喷射体和周围介质有关。在空气中喷射水时，$n=1/2$；在水中喷水或在气中喷气时 $n=1$。

（2）喷流轴上的动压分布。喷流轴上的动压和速度，直接影响到土的破碎、混合和搅拌作用，为了解喷射流在轴上的压力分布，日本 CCP 协会选用喷嘴孔径为 2mm，压力采用 20MPa，经试验得到图 6-7 中的曲线 1 和曲线 3。

从图 6-7 中曲线 1 可以看出：在空气中喷射时，喷射轴上的压力在 a 点之前保持不变，a 点以后开始下降，可近似地用式（6-12）表示：

$$H_x = k d_0^{1/2} \frac{H_0}{x^m} \tag{6-12}$$

式中　H_x——在中心轴上距喷嘴距离为 x 处的压力水头，m；
　　　H_0——喷嘴出口的压力水头，m；
　　　k、m——与喷嘴形状等有关的系数；
　　　x——距喷嘴的距离，m；
　　　d_0——喷嘴直径，mm。

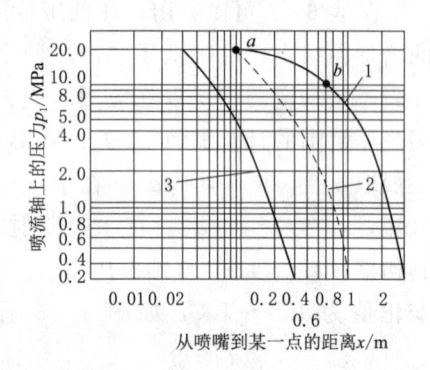

图 6-7 喷射流轴上动水压力与距离关系图
1—射流在空气中单独喷射；
2—水气同轴在水中喷射；
3—射流在水中单独喷射

b 点以后压力急剧衰减，喷流已变成不连续的水滴流，一般来说，b 点至喷嘴的距离为喷嘴直径的 300 倍。在水中喷射时，因产生不连续流，无法确定 b 点位置，如图 6-7 曲线 3 所示。

根据图 6-7 可分别确定在空气中和在水中喷射的参数 k、m。

在空气中喷射时：$k=8.3$，$m=0.4$，并代入式（6-12）得

$$H_x = 8.3 d^{1/2} \frac{H_0}{x^{0.4}} \tag{6-13}$$

在水中喷射时：$k=0.016$，$m=2.4$，并代入式（6-12）得

$$H_x = 0.016 d^{1/2} \frac{H_0}{x^{2.4}} \tag{6-14}$$

从上述分析和图 6-7 可以看出，水喷流在水中喷射时，喷流动压（速度）与在空气中喷射相比急剧地减少。但在地基处理中使用高压水喷流时，常常会遇到地下水，由于有地下水的存在，而不得不使用在水中威力已减弱了的水喷流。

为了使水喷流在水中喷射时动压衰减尽可能地减小，八寻晖夫设想出在水喷流喷射孔周围，同时喷射高速同心圆状的空气的方法，称为气水同轴喷射。这种方法是利用空气包裹水喷流，使在水中喷射与在空气中喷射呈相似的条件，从而达到防止动压衰减的目的，而使气水喷流在水中喷射时处于两者的中间状态，如图 6-7 中的曲线 2 所示。

（二）水（浆）气同轴高压喷射流的构造和特性

由于高压喷射流的压力衰减剧烈，即使喷射压力很高，通常也不能达到高效破碎土体的预期效果。然而当在高压喷射流外部喷射高速高压气流后，有效喷射距离明显增加，这说明高速气体具有减缓高压喷射流动压力急剧降低的作用。图 6-7 显示出了射流在空气中单独喷射、水气同轴在水中喷射以及水射流在水中单独喷射时，喷流轴上动水压力与距离的试验结果，由此可以看出：动水压相同，喷射流外围有气流时则喷射阻力小，喷射距离大。

1. 水（浆）气同轴喷射流的构造

二管浆气同轴喷射流与三管水气同轴喷射流除喷射介质不同外，都是在喷射流的外围同轴喷射圆筒状气流，其基本构造相同，现以水气同轴喷射流为例，分析其构造。

水气同轴喷射流的构造可分为初期区域、迁移区域及主要区域，如图 6-8 所示。在初期区域内，水射流的速度保持喷嘴出口的速度。但由于水射流与空气流相碰撞及喷嘴内部表面不够光滑，以致从喷嘴喷出的水流较紊乱，再加上空气和水流的相互作用，在高压喷射过程中产生气泡，使喷射流受到干扰。在初期区域的末端，环状气流与水射流的直径一样。在迁移区域内，高压水喷射流与空气开始混合，出现较多的气泡。

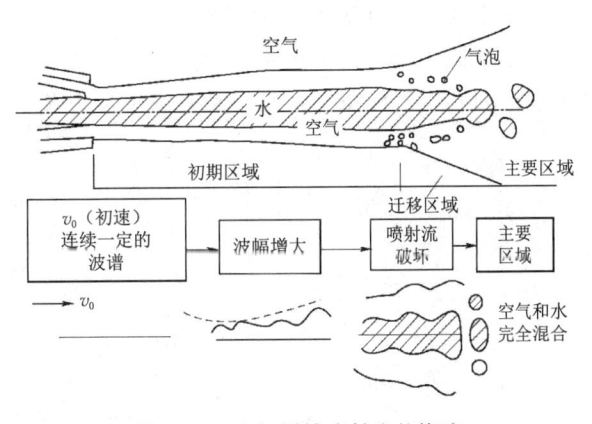

图 6-8 水气同轴喷射流的构造

在主要区域内，高压水喷射流衰减，内部含有大量气泡，气泡逐渐破裂，成为不连续的水滴状，同轴喷射流的直径迅速扩大。

2. 水（浆）气同轴喷射流的特性

水（浆）气同轴喷射流的初期区域长度可用经验公式（6-15）计算：

$$x_c \approx 0.0048 v_0 \tag{6-15}$$

式中　x_c——初期区域长度，m；

　　　v_0——初期流速，m/s。

水气同轴喷射时，若高压水喷射流的初期速度为 20m/s，则初期区域长度 x_c 为 0.10m，而以高压水喷射流单独喷射时，x_c 仅为 0.015m，水气同轴喷射的初期区域长度 x_c，比高压水单独喷射的初期区域长度增加了近 7 倍。

在水气同轴喷射中，空气喷射帷幕的作用是保护水的喷射，减缓高压水喷射流动压力的衰减程度，具体表现在以下几个方面。

（1）空气喷射流速度对水射流的影响。根据绝热能量守恒定律，一维气体动力学连续方程为

$$PvA = 常数 \tag{6-16}$$

将上式取对数、微分，并根据伯努力方程有

$$\frac{dv}{v} = -\frac{dA/A}{1-M^2} \tag{6-17}$$

式中　v——气流的速度；

　　　A——喷嘴的横断面积；

　　　M——马赫数，等于气流速度与音速之比。

在实际应用中，气体的速度难以达到 $M \geq 1$，或 $M=0$，一般 M 为 $0\sim1$。实践证明，气体流速愈大愈好。若能使 $M=0.5$，即气体的速度为音速的一半时，高压喷射流速度衰减较小，对土体的破坏和搅拌能获得较好的效果。空气速度对喷射流的影响如图 6-9 所示。

（2）空气喷射流量对水喷射流的影响。水气同轴喷射时，除了空气喷射流的速度和方向对高压水喷射流有很大的影响外，空气喷射流量的大小对高压喷射水流也有较大的影响，以浆气同轴喷射的二重管（或二管）喷射试验为例，用孔径 2mm 的喷嘴喷射，变化其喷射压力和空气流量，得到气量、喷射压力和喷射长度的关系，如图 6-10 所示。

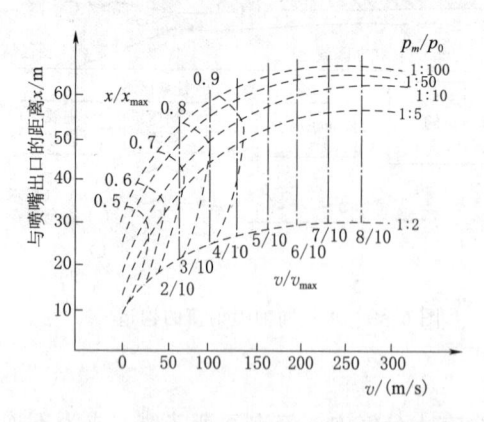

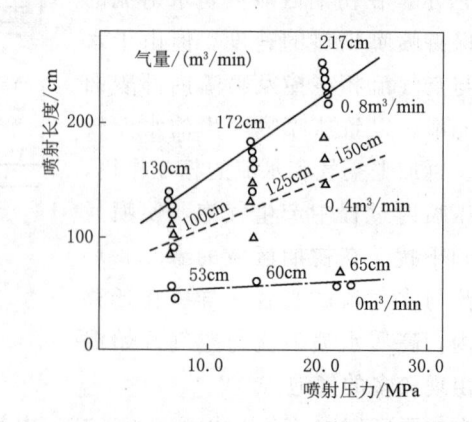

图 6-9　空气速度和喷射水流衰减率的关系　　图 6-10　气量、喷射压力和喷射长度的关系

从图 6-10 中可以看出：当喷射压力为 20MPa 时，空气流量为 0.4m³/min 和 0.8m³/min 与空气流量为零时相比，喷射长度分别增加了 2.5 倍和 4 倍。

3. 水（浆）气同轴喷射流在水中喷射特性

当气水喷射流分别在清水和膨润土泥浆中喷射，并改变静水压的情况下，x_c 与 p_0 的关系如图 6-11 所示。

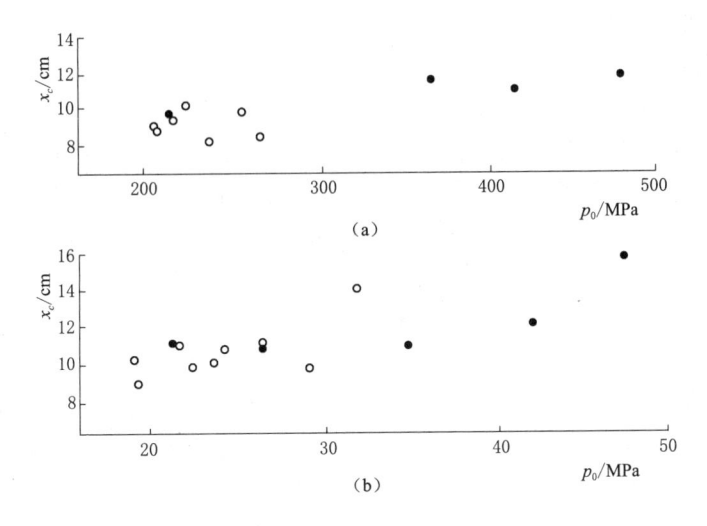

图 6-11　气水喷射流的韧期区长度 x_c 与排出压力 p_0 的关系
（空气喷流的喷射速度 167m/s）
○—清水中的场合；●—固定粒子悬浊液的场合

从图 6-11 的试验资料中可以看出：①在膨润土泥浆中和在清水中喷射，x_c 没有显著的差别；②在静水压和排出压力上，在不同压力间可以看出有差别。静水压高 x_c 短；排出压力高 x_c 长。当静水压为 2kPa 时，x 与 p_0 的关系可用 $x_c = 5 \times 10^{-4} \sqrt{2p_0/\rho}$ 来表示（式中 ρ 为水的密度），根据试验 x_c 在 9～11cm 的范围内。而当静水压为 100～400kPa 时，$x_c = 4.2 \times 10^{-4} \sqrt{2p_0/\rho}$，根据试验 x_c 在 8～10cm 范围内，它与前者相比 x_c 约短 10%。此长度与在空气中喷射的水喷流的 x_c 大致相等，而为清水中喷射水流时 x_c 的 6.3 倍。

三、高压喷射流切割破碎岩土特性

（一）高压喷射流对土体的切割破坏作用

高压喷射流破坏土体的效能，随着土的物理力学性质的不同，在破坏程度方面有较大的差异。喷射流破坏土的机理比较复杂，目前在理论上尚未充分探明，但可以透过高压喷射灌浆的现象，分析出切割破坏土体的主要作用。

1. 喷射流的动压作用

高压喷射流冲击土体时，由于能量高度集中地冲击一个很小的区域，因而在这个区域内及其周围的土和土结构的组织之间，受到很大的压应力作用，当这些外力超过土颗粒结构的破坏临界数值，土体便受到破坏。土体颗粒结构破坏临界值，是以土体的抗拉强度来表示的，土体则依其颗粒间凝聚力的大小不同，易碎程度也不一样，砂类土由于颗粒间的凝聚力很小，则容易被切割破碎，而黏土和黄土则不能。这对于掌握各类岩土体抗拉强度（或凝聚力）的大小，对高压喷射灌浆的合理设计是至关重要的。

高压喷射流对土体的切割破坏力 p 为

$$p = \rho Q V_m \qquad (6-18)$$

式中　P——破坏力，$kg \cdot m/s^2$；

　　　ρ——密度，kg/m^3；

　　　Q——流量，m^3/s；

　　　V_m——喷射流的平均速度，m/s。

可见，其破坏力对于某一种密度的液体而言，是与该射流的流量 Q、流速 V_m 的乘积成正比。而流量 Q 又为喷嘴断面 A 与流速 V_m 的乘积，即

$$Q = V_m A \qquad (6-19)$$

将式（6-19）代入式（6-18）得到

$$p = \rho A V_m^2 \qquad (6-20)$$

可见，当液体的密度 ρ 和喷嘴断面 A 为定值时，破坏力与流速 V_m 的平方成正比。如果要获得大的破坏力，则需要通过高的压力产生大的流速，这也就是高压喷射法通常要求保持 20MPa 以上压力的原因。压力愈高，流速愈大，则破坏力愈大，切割、搅拌土体的范围也增加。

2. 射流的脉冲振荡破土效应

射流喷出介质（水、气、浆）因受原动机（空压机、高压水泵、泥浆泵）及介质在管路中运动特性的影响，常出现周期性的振动现象，使喷射介质的流量流速或压力发生大小不同的振动现象。据实践经验，按其发生的原因，大致可分为以下几种：

（1）机械振动。机械振动包括：①由于转子不平衡引起的振动；②由于临界转速引起的振动；③由于输送介质中固体摩擦引起的振动；④由于轴承油压引起的振动（油抖）；⑤泵的固有频率引起的振动；⑥泵的对中不良引起的振动（即泵安装不正引起的振动）；⑦设备基础薄弱引起的振动；⑧设备动力（电动机、柴油机）引起的振动。

（2）水力振动。水力振动包括：①汽蚀引起的振动；②喘振现象；③水击现象（由于突然停电，泵的流量剧烈变化，产生超过正常运转时压力变化的一种过渡现象）；④泵内流动不平衡引起的振动。

由于这些振动无法正常消除，故难以保证喷出的压力恒定不变，加之地层情况多变，射流冲切土体远近、深浅不均，阻力大小不一，必然引起喷射面上压力随时间的周期性变化而出现时大时小的现象，这就是射流对土体的脉冲荷载。在脉冲荷载不断作用下，地层土体会产生疲劳应力，并逐渐积累疲劳残余变形，使土体颗粒失去平衡，从而促使土体的破坏。

3. 射流的水楔破碎效应

当喷射流体充满土层时，或者地下水在土层的间隙中使土处于饱和状态时，高压射流喷到地层的间隙上，由于反作用力的影响，致使在垂直于喷射轴的方向上发生扩张土壁的现象（图 6-12），这就是射流对土层的水楔破碎效应。土层距喷嘴愈近，产生水楔效应的条件就愈充分，对地层土体的破碎作用就愈大。

4. 喷射流的气穴效应

由水力学得知，当水加压时，除了水的密度略有增加外，再无别的变化；相反地，若将水体减压，水中的气核就会扩大，水从液体变成气液混合体，这种现象称为气穴。喷射流流速喷在土层上，由于喷射压力的变化以及土层距喷嘴远近的不同，土层上所受压力大小也随之变化，加上喷射流在地层土粒表面产生水流，而土颗粒直径大小不均匀，使部分颗粒上的压力降低，而产生气穴现象，当它进入高压部分时，气核溃灭，形成气蚀，周围的水又迅速向低压处（气穴部位）流动，依靠其惯性力和气蚀使土层遭到破坏，再则由于高压喷射流本身即呈激烈的紊流状态，其本身也会发生气穴现象，使土层破坏，土粒便不断被剥离下来，如图 6-13 所示。

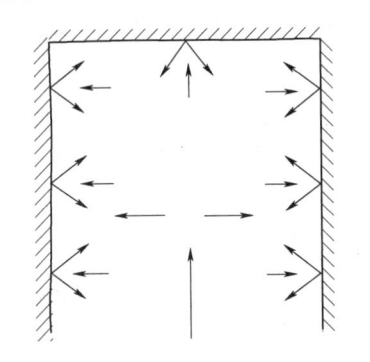

图 6-12　射流对土层的水楔破碎效应 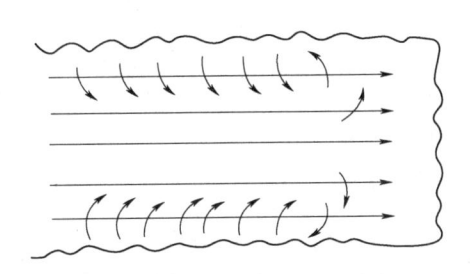　　图 6-13　射流产生的气穴现象

5. 水块的冲击作用

由于喷射流断续地正面锤击土体，使土体受到巨大冲击力的撞击，促使土体破坏进一步发展。

由试验得知，水滴冲击试验物体时，所发生的最大压力，可认为与水锤所产生的最大压力相同，即

$$P = \rho c v \tag{6-21}$$

式中　ρ——水的密度；

　　　c——水中的音速；

　　　v——冲击速度。

对于土或软岩来讲，当受到水块的锤击后，在接触区发生应力带，如果喷射流的速度增加，作用在接触面上的动压增加，对象物内的应力也增加，当增加到足以使岩土发生断裂时，则开始破坏。此处所说的断裂强度，是以岩土的抗拉强度来表示，土则以颗粒间的凝聚力来表示。

（二）影响高压喷射流切削岩土性能的主要因素

影响高压喷射流切削特性的主要因素有：①高速水喷流的喷射压力；②喷嘴直径；③喷嘴的移动速度；④试验材料的物理力学性质（抗压强度、抗拉强度、孔隙比等）；⑤作用于喷嘴出口处的静水压力；⑥试体表面和喷嘴出口间的距离等。

弄清高压喷射流切割破土的各个因素，在高压喷射灌浆中各起的作用和程度非常重要，它直接关系到是否能够做出正确的灌浆设计和选用合理的施工参数。所以，国内外学

者对此都非常重视,并做了一些有针对性的试验研究工作。现简述如下。

1. 高速水喷流的喷射压力的影响

利用水、气同轴高速水喷射流切削岩石类硬的物体时,需用喷射压力约500MPa;如切削对象为土或软岩时,需用70MPa左右。但两者切削深度不同,对软的物体切削深度大,对较硬的物体切削深度小,如图6-14所示。从图6-14可看出,岩石类较硬物体切削深度不大的呈直线关系,而土和软岩则有指数关系(与$p_0^{0.35}$成比例)。这种关系是在喷嘴口径$d_0=2.1$mm;喷嘴出口到岩(土)面的距离$L=5$cm,输送速度$V_t=4$cm/s;输进动作次数$N=1$次的情况下取得的。

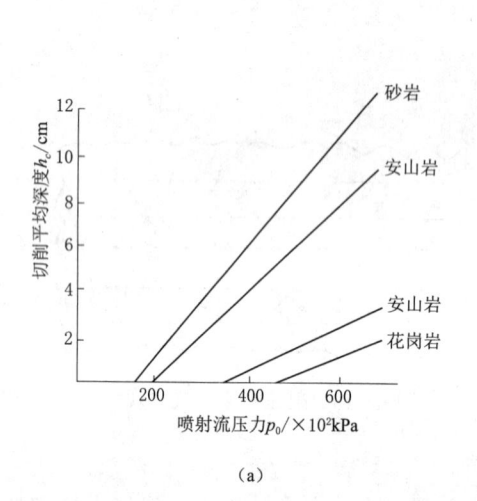

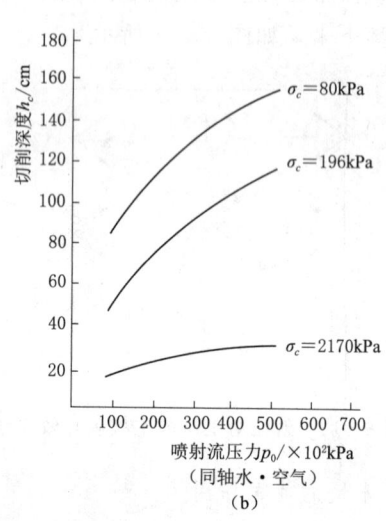

图6-14 喷射流压力与切削深度关系
(a)切削岩石;(b)切削土及软岩
σ_c—土与软岩的抗压强度

2. 喷嘴直径的影响

依喷嘴形状、内壁加工精细程度的不同,切削深度也不同,但在使用相同质量的喷嘴时,切削深度与喷嘴直径的二次方成比例增加。图6-15表示切削深度和喷嘴直径的关系,岩石的场合与d^2、土及软岩的场合则与$d^{0.83}$成比例而增加切削深度。

3. 喷嘴移动速度的影响

如果喷嘴直径和喷射压力不变,而只改变喷嘴移动的速度,则切削平均深度随着移动速度的提高而逐渐降低,并与$0.4(1/V_c)^2$成比例减少,如图6-16所示。如果将移动速度V_t和切削平均深度$\bar{h}_c$的积定义为沟槽的构成速度F_0,则:

$$F_0 = V_t \bar{h}_c \tag{6-22}$$

根据实验结果,即可得到F_0与V_t的关系曲线,这根曲线的最大值则被认为是得到最大F_0的"最佳喷嘴移动速度"。由于使用中的切削对象不同,以及其他许多条件的限制,因此,在实际应用中很少使用关于F_0的最佳喷嘴移动速度的方法。

4. 作用于喷嘴出口的静水压力的影响

利用高速水喷流用于切削时,切削面附近的环境可以认为是处于水中状态,随着切削面的变深,水压也增加。在这样的喷射环境中,已确认高速水喷流轴上的动压急剧地减

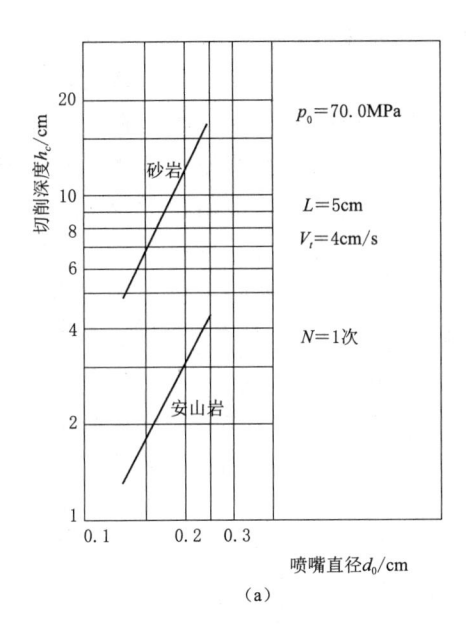

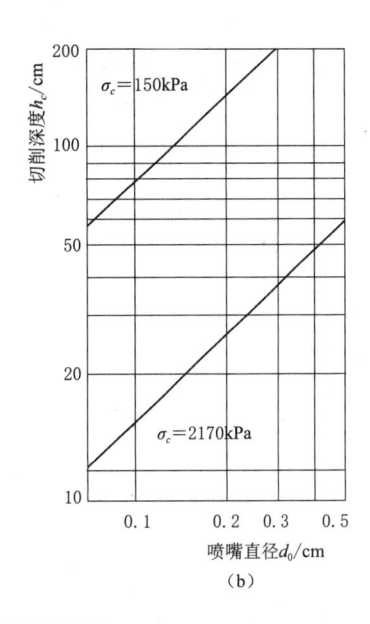

图 6-15 喷嘴直径与切削深度的关系
(a) 切削岩石；(b) 切削土及软岩

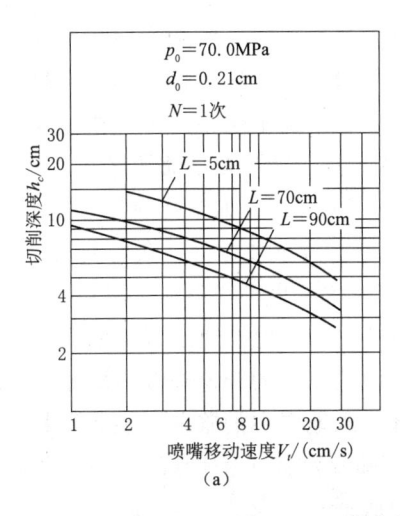

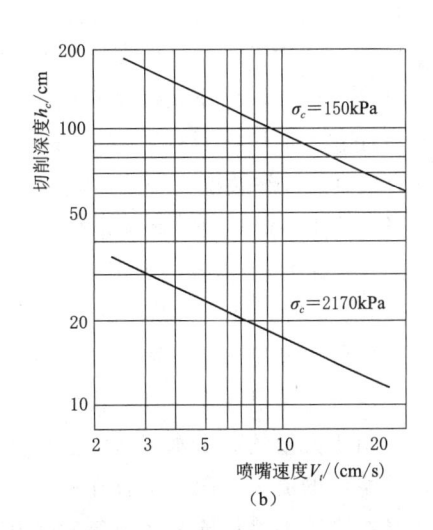

图 6-16 喷嘴移动速度与切削深度的关系

小，因而切削深度也减少。图 6-17 表示在试体面上加静水压时，切削深度减少的情形，静水压为 5kPa 与 200kPa 时，后者的切削深度比前者要减少一半左右。

5. 岩土的物理力学性质对射流切割深度的影响

由图 6-14～图 6-17 可以看出，当喷射压力、喷嘴直径和质量、喷嘴的移动速度以及喷射环境相同时，射流切削深度与岩土的物理力学性质有关，软的岩土切削深，硬的岩土切削浅。

四、高压喷射灌浆机理

高压喷射灌浆机理十分复杂，尤其是不同的高喷灌浆工法，采用了不同的能量发生装

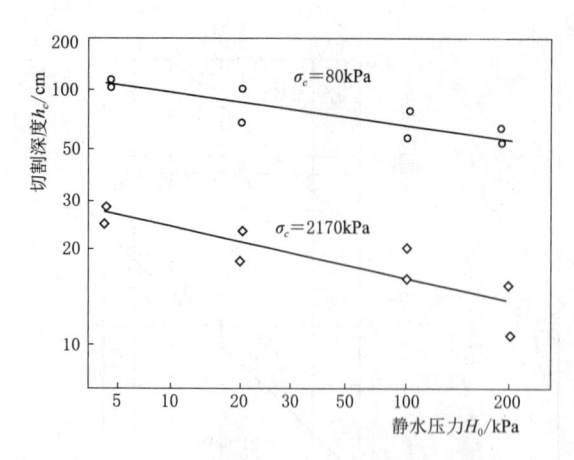

图 6-17 切削深度和静水压的关系
（同轴喷射空气喷流）

置和能量介质，浆液以不同的方式灌入土体，使本来就十分复杂的高喷灌浆机理变得更加复杂。所以在工程实践中通常借助于经验判断或实地试验，从高压喷射灌浆过程中出现的现象和对大量已灌浆凝结体的开挖检查中，分析了解高压喷射灌浆中的主要影响因素，以及不同因素在各个高喷灌浆工法中所起的作用。

(一) 不同工法高喷灌浆机理的差异

如前所述，高压喷射灌浆分为单管法（CCP工法）、二重管法（JSG工法）、三重管法（CJP工法）和多重管法（SSS-MAN工法）。前三种工法属半置换法，多重管法属全置换法。单管法和二重管法都是以高压泥浆泵为能量发生装置，以浆液为能量载体，以高速浆流切割破碎土体。两者的不同之处在于二重管法在浆流外围包裹了一圈空气流，使高速浆流能量更为集中，掺搅破碎土层更加充分，但它们的灌浆机理是一致的。

三重管法（CJP工法）是以高压水泵为能量发生装置，以高压水为能量介质，以高速水气流切割破碎土体，低压浆液是靠高压水气流的卷吸作用带入切割土体的沟槽内，正是这些差异，使它的应用范围有了一定的局限性，以致在淤泥地层不易形成凝结体。因为淤泥地层含有较多的极细颗粒——胶体颗粒，并且含水量高于液限，呈流塑状态，具有很高的灵敏度（当它静止一定时间，就成为凝胶体，具有一定的强度；如果受到外力搅动，就会流动液化，失去胶黏力），承载能力很低，甚至像水一样没有承载能力。众所周知，水是斩不断、切不开的。同样，在流塑状态的淤泥地层中，高速水流也是切不出沟槽来的，所以低压浆液也不会被高速水气流卷吸到被切割的淤泥地层中去，而随高速水气流的升扬置换作用带出地面。这种现象已在众多的淤泥地基高压喷射灌浆工程的开挖检查中所证实。

另外，由于大量的高压水射入地层，还会稀释灌入地层中的浆液，在大颗粒动水条件下，会加速浆液的流失。而在黏性土层中则会使高喷凝结体干密度降低，抗压强度变小，这种现象已在高喷灌浆试验和大量高喷工程实践中所证实。详见表6-3。

表 6-3　　　不同地层中三管法高喷灌浆所形成凝结体的干密度

土　层	原土层干密度/(g/cm³)	高喷凝结体干密度/(g/cm³)
壤土	1.68	1.53
	1.73	1.23
砂层	1.55	1.75
	1.58	1.90

但三管法也有它的优势，在正常情况下，它所形成的凝结体尺寸要大于单管法和二管法。高速水气流对地层的切削破碎掺搅能力和对细颗粒的升扬置换能力更强。

新三管法（又称 RJP 工法或二次切割法），该工法的特点主要是二次切削破坏土层。第一次是上段的超高压水和空气的复合喷射流切削破碎土层，紧接着的是第二次下段的超高压浆液和空气的复合喷射流，在第一次切削土层的基础上再次对土体进行切削，这样便增加了切削深度，使浆液强制均匀地射入地层，增加了有效喷射距离，加大了旋喷桩凝结体的直径。由于该工法的水、浆嘴的间距较大，水对浆的稀释作用大大减小，使实际灌入地层中的水泥浆量增大，提高了凝结体的结石率及强度。基于上述特点，该工法更适合于含较多密实充填物的大颗粒地层。所形成的凝结体的尺寸要大于前三种工法，但是它的灌浆机理与单管法（CCP 工法）和二重管法（JSG 工法）基本相同。

在高压喷射灌浆中，除了多重管工法外，其余工法的灌浆机理之间既有不同之处，也有共同点，如高喷灌浆中的冲切掺搅作用、升扬置换作用、充填挤压作用、渗透凝结作用和位移袱裹作用等。

（二）不同工法高压喷射灌浆机理的共同之处

1. 冲切掺搅作用

强大的射流作用于土体，将直接产生冲切地层的作用。射流在有限的范围内，使土体承受很大的动压力和沿孔隙作用的水力劈裂力，以及由脉动压力和连续喷射造成的土体强度疲劳等综合作用，造成土体结构破坏，在射流产生的卷吸扩散作用下，使浆液与被冲切下来的土体掺搅混合。

2. 升扬置换作用

射流冲切过程中沿孔壁产生的升扬作用，系指在进行浆气、水气喷射时，压缩空气除了起保护射流束作用外，能量释放过后产生的气泡，能将从孔底挟带冲切下来的部分土体颗粒沿孔壁向上升扬流出孔口，即所谓的冒浆。这样，由于被灌土体部分细颗粒被升扬置换出地面，同时，浆液被掺搅灌入地层，使地层组成成分产生变化。升扬置换是高压喷射灌浆至关重要的作用，可改善和提高高喷凝结体的密度和强度。

在喷射过程中，土层沿孔壁顺喷嘴轴向不断沿纵深方向及自下而上被破碎。被破碎土粒的升扬置换程度取决于孔内回流排渣速度、射流混合液的比重、土层破碎粒度及喷头与钻孔孔壁的径差等。可通过分析喷射孔内水、气混合液回流速度及其挟带土渣能力，判断土层被置换的程度。在高压喷射灌浆过程中，喷射孔内水气混合液回流速度 v，一般可按式（6-23）确定：

$$v = m(v_1 + v_2) \tag{6-23}$$

式中 v——孔内水气混合液返回孔口的速度，m/s；

v_1——在静止液内土粒沉降的速度，m/s；

v_2——喷射液从冲切面返回时带出土粒的速度，m/s；

m——在混合液不同的切面上流速的不均匀系数，一般 $m=1.1\sim1.2$。

在静止液内土粒沉降速度 v_1 可按式（6-24）计算：

$$v_1 = K\sqrt{\frac{\delta(\gamma_0 - \gamma_1)}{\gamma_1}} \tag{6-24}$$

式中 γ_0——岩土颗粒比重；

γ_1——射流液比重；

δ——岩土颗粒直径（计算时选最大直径）；

K——系数，其值取决于岩土颗粒的形状和大小，一般变动范围为 25～51，球状颗粒的 K 值最大。

喷射液从冲切面返回孔口时带出岩土颗粒的速度可按式（6-25）计算：

$$v_2 = \frac{A_0 S(\gamma_0 - \gamma_1)}{K_1 A} \quad (6-25)$$

其中

$$A = \frac{\pi}{4}(D^2 - d^2)$$

式中　A_0——沿射流轴向被冲切土层面积，cm^2；

　　　γ_0——受射流破碎的岩土比重；

　　　S——喷射提升速度，m/s；

　　　γ_1——喷射液比重；

　　　A——喷头与孔壁间环状间隙的面积，cm^2；

　　　D——喷射孔平均直径，cm；

　　　d——喷头外径，cm；

　　　K_1——系数，等于回流混合液（水、气、水泥浆、岩土渣等）比重与原喷射液（水气）比重之差。

上述各式表明，在高压喷射灌浆过程中如将被冲切出来的岩土渣全部排出孔外，v_2 必须大于 v_1，而且，要使喷射流返回孔口时所携带的岩土渣量远远超过同时间内高压射流破碎土层的渣量，这样被冲切的土层才能全部为注入的水泥浆所置换。其实这是不可能的，因为被冲切的土层是不均质的，且其中粗颗粒（砾卵石或粗砂）难以被射流破碎，即使射流返回孔口的速度很大，有能力挟带这些粗颗粒，如粒径一旦大于喷头与孔壁间的环状宽度，便难以被回流带出孔外。由此可知，高喷灌浆仅能置换土层中的细颗粒，而较粗颗粒将与灌入的水泥浆混合后凝结成强度较高的凝结体。

3. 充填挤压作用

射流束末端虽不能冲切土体，但对周围土体产生挤压力，同时，喷射过程中及喷射结束后，静压灌浆作用仍在进行，尽管这种灌浆压力是有限的，仅为浆柱的压力，但在灌入浆体的静压作用下，浆液对周围土体将不断产生挤压渗透作用，而促使凝结体与周围的土体结合更为紧密。

4. 渗透凝结作用

在高压喷射灌浆过程中，除在冲切范围内形成凝结体外，在粗砂和砾卵石地层还可以向冲切范围以外产生浆液渗透作用，形成渗透凝结层。其层厚与被灌地层中的颗粒大小、级配及渗透性有关，在渗透性较强的砾卵石地层可达 10～15cm，甚至更厚。在渗透性较弱的地层，如中细砂层或黏性土层，厚度则很薄，甚至不产生渗透凝结层。但由于孔内的浆压力远大于孔周围的静水压力，所以喷射孔中的浆土混合液携带一些细颗粒向切割范围的周边土体渗透，由于黏性土和中细砂层的不可灌性，所以就在射流切割范围的周边形成了一层浆皮（通常称为硬壳），而且防渗性能很好。

5. 位移袱裹作用

在射流冲切掺搅过程中，若遇有大颗粒如卵漂石等，则随着自下而上的冲切掺搅作用，大颗粒之间的充填物被切削剥落，部分细颗粒被升扬置换出地面，则大颗粒在强大的冲击震动力作用下，将产生位移，被浆液袱裹；浆液也可借着大颗粒周围的间隙或孔隙直接产生袱裹、充填、渗透凝结作用，如图6-18及图6-19所示。此即该法应用于卵漂石地层及堆石体的原因。

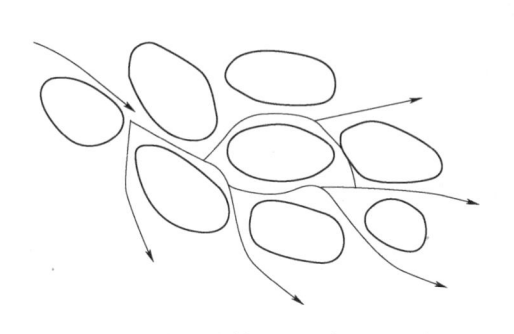

图6-18 高压喷射流在砾卵石地层中的位移袱裹作用示意图

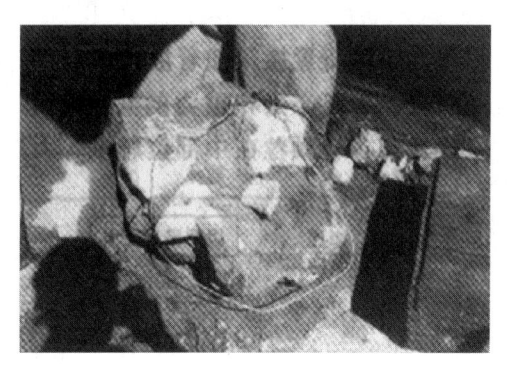

图6-19 高喷灌浆在块石地层形成的凝结体

高压喷射灌浆过程中对浆液是如何进入地层的解释也不尽相同。如三介质喷射，过去习惯理解为浆液是在中压状态下，沿喷射方向射入地层。实际上高压射流的周侧属低压区，存在着较强的卷吸作用。就是低压浆液被送入孔内，也会在水气流的卷吸作用下，沿喷射方向被挟带灌入冲切地层范围内，浆液通过对卵石孔隙的充填渗透及对大颗粒物的袱裹等作用而形成凝结体。

五、高压喷射灌浆凝结体的形成机理

由于高压喷射流是高能高速集中和连续作用于土体上，压应力和冲蚀等多种因素同时密集在压应力区域内发生效应。因此，喷射流具有冲击切割破坏土体并使浆液与土搅拌混合的功能，混合液随时间逐渐凝固硬化。

高压喷射灌浆形成凝结体的结构形状与喷嘴移动方向和持续时间有密切关系。喷嘴喷射时，一面提升，一面旋转则形成柱状体（旋喷）；一面提升，一面摆动则形成亚铃体（摆喷）；当喷嘴一面喷射，一面提升，方向固定不变，则形成板状体（定喷），如图6-20所示。高喷灌浆凝结体的形成过程如图6-21所示。

在高压喷射灌浆中，各个工法都是利用高

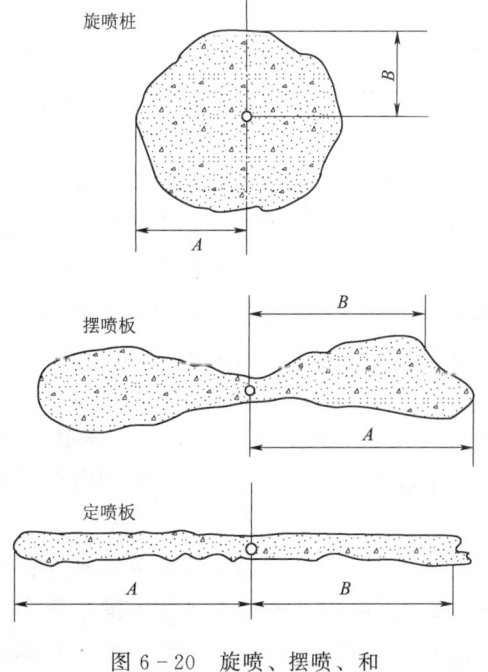

图6-20 旋喷、摆喷、和定喷凝结体形状示意图

第六章 高压喷射灌浆施工技术

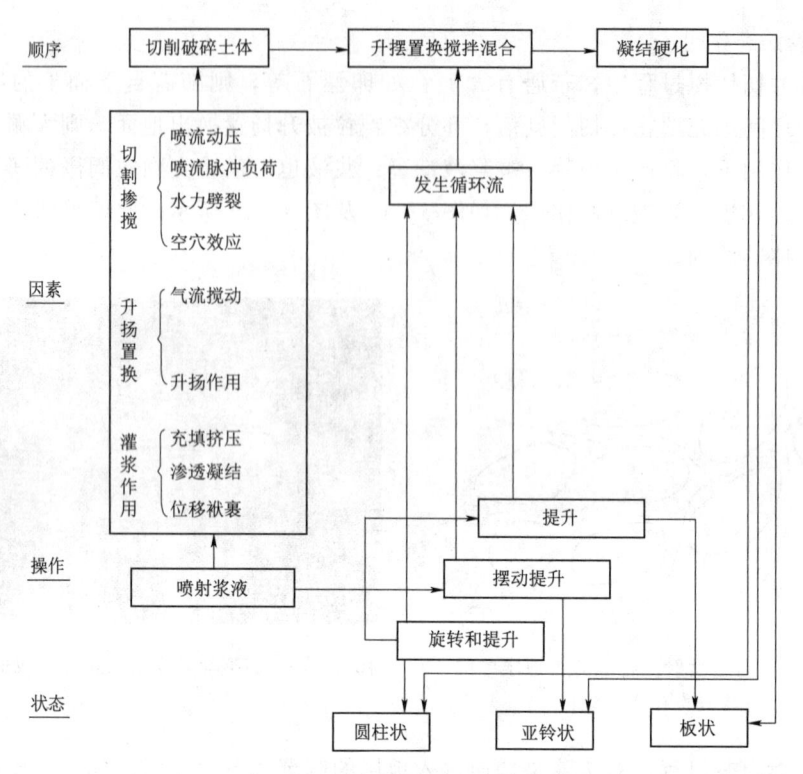

图 6-21 凝结体形成过程方框图

速喷射流对土体进行切割破碎经升扬置换,剩余的土颗粒与灌入的浆液掺搅混合后而形成凝结体。由于喷嘴运动方式不同,致使凝结体的形状和结构有所差异。旋喷时,高压喷射流在地基中,把土体切割破坏。其加固范围就是以喷射距离加上渗透部分或压缩部分的长度为半径的圆柱体。一部分细小的土粒被喷射的浆液所置换,随着液流被带到地面上(俗称冒浆),其余的土粒与浆液搅拌混合。在喷射动压、离心力和重力的共同作用下,在横断面上土粒按质量大小有规律地排列起来,小颗粒、轻颗粒在中部位居多,大颗粒、重颗粒多在外侧或边缘部分,形成了浆液主体搅拌混合、压缩和渗透等部分,经过一定时间便凝固成强度较高、渗透系数小的固结体。随着土质的不同,横断面的结构多少有些不同,如图 6-22 所示。由于旋喷体不是等颗粒的单体结构,固结质量不太均匀,在粗砂和砾石地层通常中心强度高,边缘部分强度低,见表 6-4;在黏性土层和细砂层,旋喷桩的抗压强度则是桩中心低,边缘强度高,见表 6-5。并且在凝结体中夹有大小不等的土块,土块的大小与多少因黏土凝聚力的大小而不同。由于高压喷射灌浆一般是边提升边旋转(或摆动),所以高压喷射流切割破坏土体都是瞬时完成的。对于黏聚力较大的密实黏土、重粉质壤土或黄土,不可能在较短时间内全部被粉碎。这是黏土地层高喷灌浆凝结体夹有土块的主要原因。

定喷时,高压喷射灌浆的喷嘴不旋转只作水平的固定方向喷射,并逐渐向上提升,在土中切割成一条沟槽,并把浆液灌进槽中。从土体上冲落下来的土粒,一部分细颗粒随着水流与气流被带出地面,其余的颗粒与浆液搅拌混合,最后形成一个板状凝结体。凝结体在粗砂和砾石层中有一部分渗透层,在黏性土和粉细砂层则无。从多项实际工程开挖检查

第二节 高压喷射灌浆基本原理

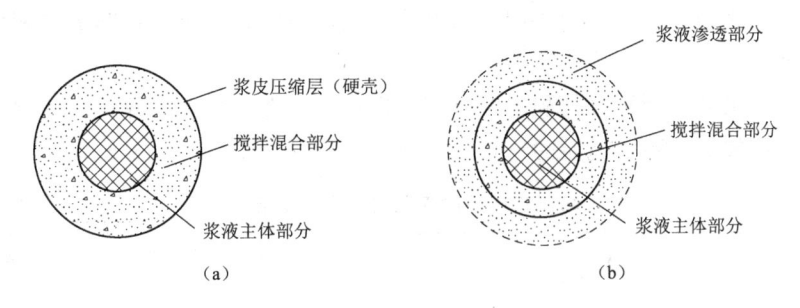

图 6-22 不同地层中旋喷桩横断面结构示意图
(a) 黏性土及细砂中；(b) 粗砂及砾卵石中

表 6-4 白浪河水库粗砂和细砾地层中旋喷桩距中心不同距离的抗压强度表

距中心距离/cm	10	17	25	30	30	30	45	55
抗压强度/MPa	12.0	5.3	8.1	8.0	5.2	4.8	3.9	1.9

表 6-5 白浪河水库黏土和细砂地层中旋喷桩距中心不同距离的抗压强度表

地层 \ 抗压强度/MPa \ 到中心桩距离/cm	30	45	60
轻壤土	1.9	3.9	6.0
细沙	9.0	12.3	16.5

中得知，渗透凝结层厚度，在强透水砂卵石层可达 10~50cm，而在弱透水砂层则很薄，黏性土层几乎不存在渗透凝结层，但板体致密防渗性能强。凝结体的结构如图 6-23 所示。各层凝结体的物理力学性质见表 6-6。摆动喷射形成的凝结体形状，与选用的施工参数有关，并介于定喷和旋喷两者之间。通过对江西省溪下水库的高压摆喷灌浆试验开挖检查来看，在黏性土或中粗砂层第一序孔摆喷板墙长度为 1.83~2.00m，板墙厚度末端为 0.45~0.87m，中间为 0.30~0.35m。第二序孔摆喷由于受到第一序孔的影响，摆喷板墙长度为 1.38~1.75m，板墙厚度末端宽处为 0.40~1.16m，中间窄处为 0.30~0.75m，见表 6-7。开挖后通过对固结体及围井的直观检查，可以清楚地看出：

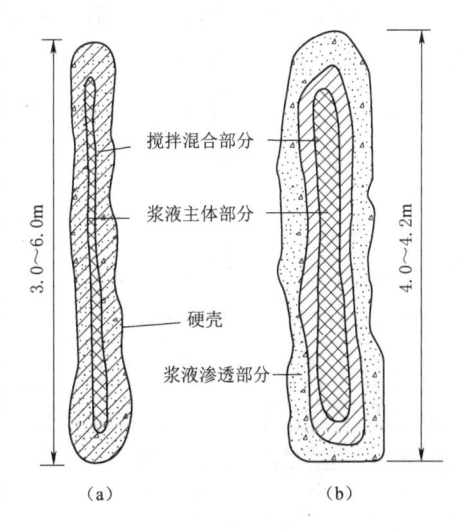

图 6-23 定喷固结体横断面结构示意图
(a) 黏性土和细沙中；(b) 粗砂和砾卵石层中

(1) 在黏土层中，水泥浆与黏土在高喷作用下搅拌混合均匀，固结体中含有少量微小的黏土团粒。呈白灰色，手感较软，重量较轻。外围有一层明显的浆液渗透浆皮层，呈白色。

(2) 砂砾石层中的固结体颜色呈青灰色。墙体中部砂粒含量较少。在高喷作用下砂粒按质量大小有规律地排列，小颗粒被搅拌混合，大颗粒被挤排到两边，强度较高，重量比同体积黏土中的固结体重,比同体积纯水泥块略轻,外围有一层比较厚的浆液渗透区,并具有一定强度。

(3) 围井挖出后,抽干井内积水,对围井进行了检查。整个围井无集中渗漏现象,各板墙之间的连接较好,不同地层的连接处成墙也很紧密。

表6-6　　　　　　　　　高压定向喷射灌浆固结体性质指标

部位	水泥成分约占的百分率/%	抗压强度/MPa	渗透系数/(cm/s)	弹性模量/MPa
板体层	$\frac{30\sim60}{20\sim30}$	$\frac{10\sim20}{3\sim5}$	$\frac{10^{-7}\sim10^{-5}}{10^{-7}\sim10^{-5}}$	$\frac{10^3\sim10^4}{10^2\sim10^3}$
浆皮层	$\frac{60\sim80}{30\sim40}$	$\frac{15\sim25}{5\sim10}$	$\frac{10^{-9}\sim10^{-6}}{10^{-9}\sim10^{-6}}$	$\frac{10^3\sim10^4}{10^2\sim10^3}$
渗透凝结层	$\frac{20\sim40}{10\sim20}$	$\frac{1\sim3}{0.5\sim1}$	$\frac{10^{-6}\sim10^{-4}}{10^{-6}\sim10^{-4}}$	$\frac{10^2\sim10^3}{10^2\sim10^3}$

注　表内横线上方为水泥浆指标,横线下方为水泥占50%的水泥黏土浆指标。

另外从江西省云山水库的高喷灌浆试验中也可以看出:

(1) 左岸土坝黏土层高压旋喷桩和摆喷板桩开挖后,可以看出其断面形状规则,水泥浆与黏土搅拌混合均匀,形成圆柱桩和板桩,均呈灰色,与水泥浆颜色相似,桩体凝结密实,无夹层或松散体,但有极少细粒黏土块夹在其中,外围无明显的浆液渗透区,但有一薄层水泥成分少黏土成分相对多的凝固层。在断面中心与外围边缘其组成有所差别。桩外侧与黏土接触面较粗糙,无光滑感觉。在坝体黏土层旋喷桩最大直径为1.15m。当旋喷桩采用两次高压水喷射灌浆时,最大桩径为1.45m,比一次喷灌成桩直径增加约30cm左右。摆喷板墙长度为2.1m,中心窄处墙厚为13cm,摆喷末端厚度为55cm。

表6-7　　　　　　江西省溪下水库高压摆喷灌浆围井试验参数及板墙尺寸

项目＼孔号	1	2	3	4	5	6
摆喷角度/(°)	25	30	30	30	30	30
摆速/(次/min)	10	10	10	10	10	10
提升速度/(cm/min)	9~10	9~9.5	9~10	9~10.5	6	9~9.5
高喷水压/MPa	28~31	28~32	26~32	28~32	25~27.5	28~35
水量/(L/min)	75	75	75	75	75	75
水嘴直径/mm	2.2	2.2	2.2	2.2	2.2	2.2
气压/MPa	0.75~0.8	0.75~0.8	0.75~0.8	0.75~0.8	0.75~0.8	0.75~0.8
气量/(L/min)	76	76	76	76	76	76
气嘴直径/mm	9	9	9	9	9	9
浆压/MPa	0.2~0.3	0.2~0.3	0.2~0.3	0.2~0.3	0.2~0.3	0.3
浆量/(L/min)	80	80	80	80	80	80
浆液比重/(g/cm³)	16~1.63	16~1.63	1.65~1.70	1.6~1.66	1.65~1.70	1.50~1.62
冒浆比重/(g/cm³)	1.30~1.37	1.30~1.36	1.39~1.40	1.22~1.36	1.36~1.40	1.27~1.35

续表

项目 \ 孔号	1	2	3	4	5	6
墙体长/m	1.83	1.38	1.88	1.75	2.00	1.60
墙体最大厚度/m	0.87	0.54	0.45	0.40	0.75	1.16
墙体最小厚度/m	0.30	0.48	0.35	0.30	0.30	0.75
序号	1	2	1	2	1	2

(2) 从土坝下游砂卵石地基高喷板桩围井和旋喷桩开挖情况看：凝结体除局部夹有漂石外，其他为水泥浆与砂卵石形成的凝固体，卵石之间空隙充填为水泥砂浆的混合物，与混凝土相似。围井板墙和旋喷桩表面，卵石凸凹镶嵌，形状不规则，个别粒径为50cm左右的漂石，被固结体包裹2/3。单孔摆喷板墙，成墙长度为2.7m，最大厚度为55cm，最小厚度为37cm。对接连接型式的摆喷，墙体最大厚度为63cm，最小厚度为39cm，旋喷桩直径为1.5~1.6m。围井摆喷板墙相互连接较好，墙与基岩接合也较紧密。围井内砂卵石挖出后，抽干井内集水，在井内外水位差3m左右时，四周板桩墙无集中漏水现象。

六、影响高喷凝结体的主要因素

影响高喷凝结体的因素很多，除前面所讲的旋喷、摆喷、定喷不同喷射形式影响高喷凝结体的形状尺寸外，还有喷射流压力、提升速度、旋转（或摆动）速度、射流压缩空气流保护情况、喷嘴直径、喷嘴出口静水压力（即地下水情况）和地质条件等，上述诸因素都会对高喷凝结体的尺寸和质量造成不同程度的影响。所以弄清各个因素在不同情况下对高喷凝结体的影响程度，对于做好高压喷射灌浆设计及选用合理的施工参数至关重要。它将直接关系到高喷灌浆工程质量的好坏和成败。目前，高喷灌浆工程事故时有发生，经调查了解，均与事前没有弄清各种因素的影响、不能选用合理的施工参数有关。影响高喷灌浆凝结体的因素众多，现就一些主要因素分析如下。

（一）喷射流压力的影响

通过多项高喷灌浆试验和开挖检查得知，高喷灌浆凝结体的尺寸大小与高压喷射流压力有关，见表6-8和表6-9。从表6-8和表6-9可以看出，在相同地质条件及除喷射压力以外的相同高喷灌浆参数情况下，凝结体的尺寸大小与喷射压力成正比。尽管如此，一定要使喷射压力和喷射浆量相协调。如果只增加喷射压力，凝结体的尺寸虽然增大了，而灌入浆量没有相应增加，往往会造成凝结体的水泥含量减少，会降低凝结体的强度和防渗性能。所以在灌浆中常用注浆比来进行质量控制。也就是将喷射总浆量与加固凝结体的体积之比定义为注浆比，那么注浆比与凝结体的单轴抗压强度之间的关系如图6-24所示。从图6-24可以看出，凝结体的单轴抗压强度随注浆比的增加而提高。由此可见，在高压喷射灌浆过程中，除适当地增大喷射压力，获取较大尺寸的

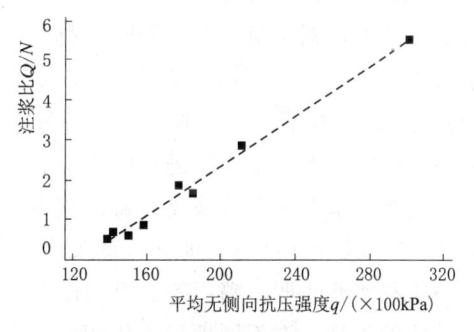

图6-24 注浆比与凝结体的单轴抗压强度之间的关系

横坐标：平均无侧向抗压强度 $q/(\times 100\text{kPa})$
纵坐标：注浆比 Q/N

凝结体外，还应根据工程的需要，选用适当的注浆比，这也是非常重要的。

表6-8　　　　　　　　　　三管法不同水压水量形成凝结体

压力/MPa	水量/(L/min)	喷射形式 延伸长/cm / 有效长/cm			备注
		旋喷	摆喷	定喷	
15.0~20.0	90~120	$\dfrac{35\sim100}{30\sim90}$	$\dfrac{60\sim180}{50\sim150}$	$\dfrac{87\sim280}{75\sim230}$	延伸长度是指旋喷桩的最大半径或摆喷及定喷板体的单侧最大长度；有效长度是指旋喷桩的最小径或摆喷及定喷板体的单侧最小长度，如图6-19所示
20.0~30.0	75~100	$\dfrac{75\sim100}{60\sim120}$	$\dfrac{130\sim120}{100\sim205}$	$\dfrac{185\sim380}{150\sim300}$	
30.0~40.0	75~100	$\dfrac{110\sim180}{90\sim150}$	$\dfrac{190\sim310}{150\sim250}$	$\dfrac{270\sim450}{220\sim370}$	

表6-9　　　　　　　单管旋喷桩直径与土质和喷射压力之间的关系

土层类别	旋喷压力/MPa	旋喷其他系数			固结体	
		转速/(r/min)	提升速度/(cm/min)	喷嘴直径/mm	统计根数	平均直径/m
粉砂土	12.5±2.5	40	24	2.4	29	0.70
	15.0±2.5				87	0.80
回填土	12.5±2.5	40	13.6	2.4	28	0.60
	15.0±2.5		24		26	0.65
粉质砂土	12.0	40	24	2.8	5	0.74
	16.0				2	0.89
粉质砂土	12.0	23	21	1.2	1	0.15
	16.0		14	1.5	1	0.25
粉质砂土	12.0	23	21	1.2	1	0.15
	22.0		17		1	0.30

（二）喷射流量的影响

喷射流量和喷射压力同样是一个切割岩土的重要参数。H. Yoshido（约希多）、S. Jimbo（吉姆伯）等人通过现场试验得出喷射流量 Q、喷射压力 P、喷射流到达的距离 X 和到达的时间 t 的关系如图6-25所示。从图6-25可以看出，当喷射压力 P 一定，喷射流量越大，到达某一距离的时间越短。如果给定的喷射时间为 0.1s，$P-Q-X$ 和 $P-Q-PQ$ 关系曲线如图6-26所示。从图6-26可以看出，射流到达的距离与喷射流能量 PQ 成正比。在能量给定时，提高流量使喷射距离增大要比提高压力使喷射距离增大得更明显。所以在大颗粒地层进行二重管法（JSG工法）和新三重管法（RJP工法）高喷灌浆时，适当地增加喷射浆液流量可以获得更好的高喷灌浆效果。

（三）提升速度对高喷凝结体尺寸的影响

工程实践表明，喷射管提升速度的快慢不但影响凝体尺寸的大小，而且还会影响高喷凝结体的质量。在不同地层选用相应的合理提升速度，是确保高喷灌浆工程质量的重要前提。图6-27是高压旋喷桩径与提升速度的关系曲线。从图6-27可以看出，当其他高喷

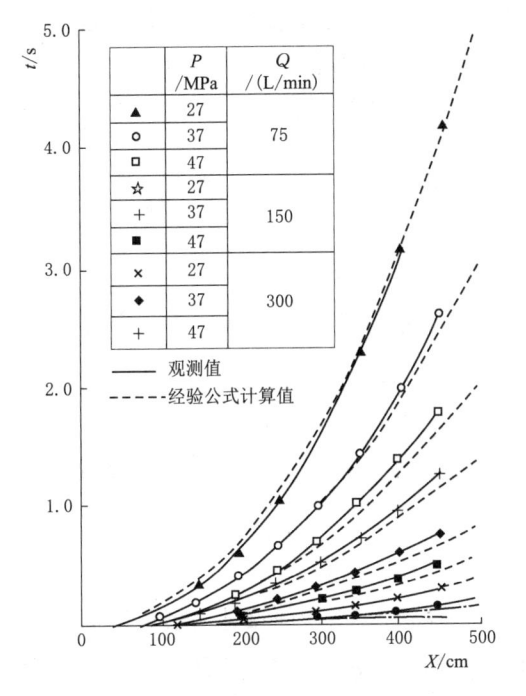

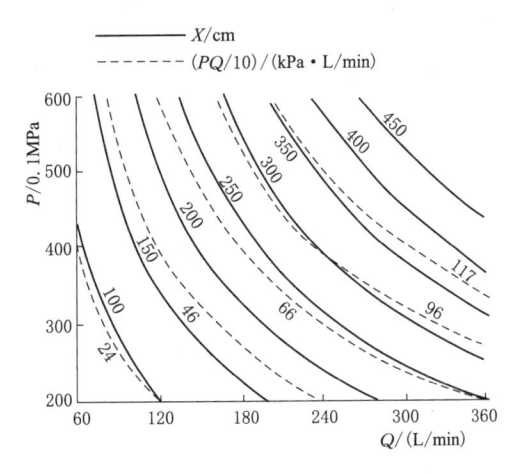

图 6-25　射流到达的距离 X 和到达时间 t 的关系

图 6-26　P-Q-X 曲线

灌浆参数固定后，旋喷桩直径与提升速度成反比，也就是说旋喷桩径与提升时间的长短有关。如果用 t_0 表示提升最长的时间（即最慢的时间），将提升时间用 t_0 归一化，$D-t/t_0$ 的关系如图 6-28 所示，从图 6-28 中可以看出，提升时间越长，旋喷桩径越大。

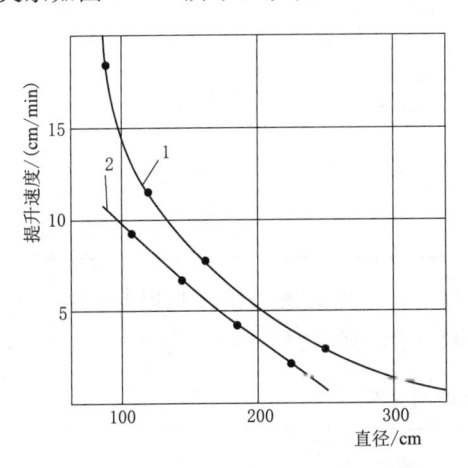

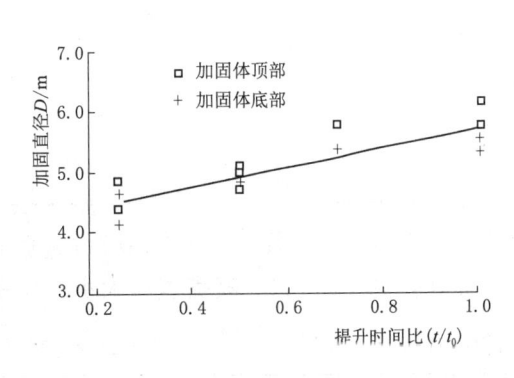

图 6-27　三重管旋喷试验的提升速度与固结体直径的关系

图 6-28　固结体直径与提升时间的关系

（四）旋转（或摆动）速度对高喷固结体尺寸的影响

通过高压喷射灌浆试验表明，提高喷射管的旋转速度，会使切削距离变短。旋转速度在 10r/min 内，这种变化比较明显，转速超过 10r/min 也无明显变化，如图 6-29 所示。另外，通过现场旋喷试验得知，如果其他高喷灌浆参数一定时，旋转速度有一个最佳值，当旋转速度大于或小于这个最佳值都会使旋喷桩直径变小,只有选择最佳旋转速度时,才会使旋喷桩直径达到最大值,三重管旋喷转速与桩径的关系如图6-30所示。

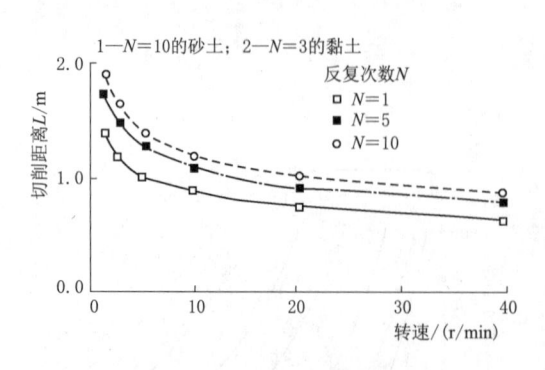

图6-29 转速与切削长度的关系

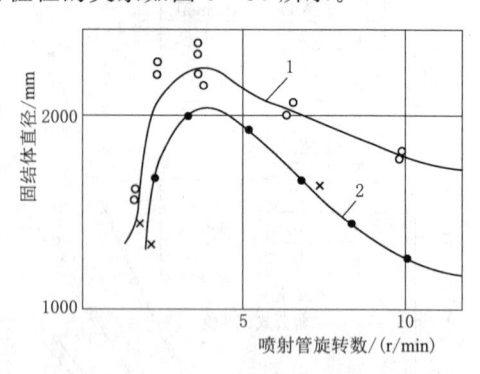

图6-30 三重管旋喷转速与桩径的关系
1—$N=10$的砂土;2—$N=3$的黏土

(五)喷嘴直径对凝结体尺寸的影响

由试验得知,当高压喷射灌浆参数一定时,高喷灌浆凝结体的尺寸与喷射嘴的质量和直径密切有关,相同质量的喷嘴直径越大,喷射出的流量越大,产生的能量也大,切割土体的范围大,所形成的凝结的尺寸也大;否则相反。

1981年山东省水利科学研究院和中国铁道科学研究院合作,在白流浪河水库通过现场高压喷射灌浆试验得知,旋喷桩直径与喷嘴直径的关系见表6-10。由表6-10可以看出,在其他参数不变的情况下,适当地加大喷嘴直径,旋喷桩径增加明显。

表6-10　　　　三管法高压旋喷桩直径与喷嘴直径的关系

桩号	喷嘴直径/mm	喷射压力/MPa	旋转速度/(r/min)	提升速度/(cm/min)	成桩直径/cm
1	2.5	20.0	8.5	8.0	86.0
2	3.0	20.0	8.5	8.0	108.0
3	3.5	20.0	8.5	8.0	124.0

另外,在进行的三管法高压定向喷射灌浆试验中,所形成的凝结体板厚与喷嘴直径的关系成正比,见表6-11。喷嘴直径大小对摆动喷射形成的哑铃状凝结体形状影响不大,

表6-11　　　　喷嘴直径与定喷板厚的关系

地层土类	$\dfrac{板层厚度}{渗透凝结层厚度}$/cm	
	2mm 水喷嘴	3mm 水喷嘴
黏土层	$\dfrac{4\sim7}{0}$	$\dfrac{6\sim9}{0}$
砂层	$\dfrac{6\sim9}{2\sim7}$	$\dfrac{8\sim12}{2\sim7}$
砂砾层	$\dfrac{10\sim15}{7\sim50}$	$\dfrac{12\sim20}{7\sim50}$

但喷嘴出口段 10~20cm 范围出现细径现象,细径大小仍然与喷嘴直径直接相关。

(六)气压和气量的影响

压缩空气形成的气幕,可保护射流束能量不过早扩散,增加喷射切割长度和升扬置换作用,在三重管法高喷灌浆中,会形成低压区促使浆液沿喷射方向跟进掺混,改变地层的颗粒级配。因此,气压和气量的选择,也会影响高喷凝结体的材料组成和有效长度。一般空气压缩机的压力宜保持在 0.7~0.8MPa,并要连续输气,输气量可在 0.4~0.8m³/min 之间选择。如地层粗颗粒成分较多、孔较深,输气量宜采用大值,以增强升扬置换作用。

(七)土质对高喷灌浆凝结体尺寸的影响

工程实践表明,地层土质与高压喷射灌浆所形成的凝结体的尺寸密切有关,详见表 6-9 和表 6-12。可以看出,在高喷灌浆参数相同的条件下,在粉砂土和粗砂层所形成的高压旋喷桩直径最大,在黏聚力较大的密实黏土中形成的桩径最小,砾卵石层次之。如前所述,高喷灌浆凝结体的尺寸大小还与土体强度有关。土体抗压强度越高,高喷灌浆形成凝结体的尺寸越小;反之则大。

另外,通过在三峡工程二期围堰进行的新三重管法(即 RJP 工法)高压喷射灌浆防渗试验成果表 6-12 中得知,在相同地层进行高压旋喷灌浆,所形成的桩径与该地层的密实情况有关,如图 6-31 所示。从图 6-31 中可以看出,在同一地层中,标贯击数越大,形成的旋喷桩径越小。而且在相同标贯击数的条件下,在黏土地层中形成的桩径小,而在非黏性土中形成的桩径大。

总之,影响高喷凝结体的因素众多,除上面所讲的一些影响因素外,还有地下水深、地下水流速、地基应力、施工深度等因素的影响,有些因素在不同的章节已有论述,在此不再重述。

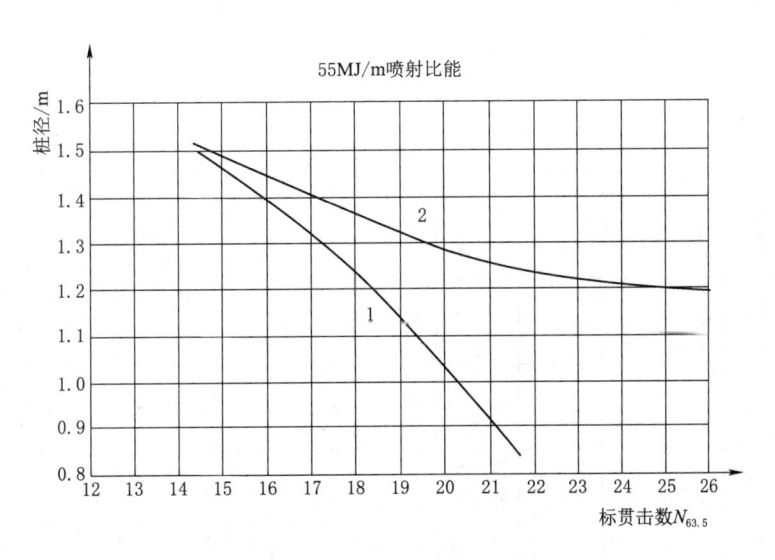

图 6-31 旋喷桩径与标贯击数的关系
1—在黏土中;2—在非黏性土中

第六章　高压喷射灌浆施工技术

表6-12　长江三峡二期围堰左接头段新三管法高压旋喷灌浆单桩试验成果表

A. 细砂类土试验相关数据

孔号	桩径/m	高程取值/m	提速/(cm/min)	转速/(r/min)	比能/(MJ/m)	$N_{63.5}$/击
1'	1.55	76.80	10	6	44.25	13
	1.60	70.00	5	10	88.50	15
	1.80	77.00	5	10	88.50	12
2'	1.50	76.00	10	7	44.25	15
	1.30	76.30	10	10	48.75	16
5'	1.00	76.50	10	10	49.50	20
	1.20	76.50	10	10	49.50	14
7'	1.40	74.50	10	10	49.50	16
	1.00	76.50	15	10	33.00	19
8'	1.20	76.00	15	10	33.00	15
	1.15	74.40	15	10	33.00	16
9'	1.40	76.50	9	10	55.00	14
	1.10	76.00	9	10	55.00	19
10'	1.30	76.50	13	10	38.07	15
	1.10	76.00	13	10	38.07	15
	1.40	74.50	13	10	38.07	14
11'	1.40	76.50	10	12	49.50	17
	1.15	76.00	10	12	49.50	19
	1.20	74.70	10	12	49.50	18
12'	1.40	76.50	15	10	33.00	17
	1.30	76.00	15	10	33.00	22
	1.00	74.50	15	10	33.00	18

B. 粗砂类土试验相关数据

孔号	桩径/m	高程取值/m	提速/(cm/min)	转速/(r/min)	比能/(MJ/m)	$N_{63.5}$/击
1'	1.55	77.80	10	6	44.25	18
5'	1.30	77.50	9	10	54.16	26
	1.40	77.00	9	10	54.16	18
6'	1.30	77.50	11	10	44.32	26
	1.50	77.00	11	10	44.32	18
	1.30	78.00	10	10	49.50	16
7'	1.20	77.50	10	10	49.50	20
	1.50	76.50	10	10	49.50	26
	1.55	74.70	10	10	49.50	16
8'	1.30	78.00	10	4	49.50	16
	1.25	77.30	10	4	49.50	19
	1.60	75.50	15	10	33.00	18
9'	1.40	78.00	9	10	55.00	8
	1.25	77.30	9	10	55.00	11
	1.50	75.50	9	10	55.00	23
10'	1.50	75.00	11	10	55.00	15
	1.60	78.00	13	10	45.00	20
11'	1.40	75.50	10	10	38.07	23
	1.60	78.00	10	12	49.50	20
12'	1.40	75.50	10	12	49.50	15
	1.30	75.50	15	10	33.00	24

C. 黏土类土试验相关数据

孔号	桩径/m	高程取值/m	提速/(cm/min)	转速/(r/min)	比能/(MJ/m)	$N_{63.5}$/击
1'	1.30	74.80	5	10	88.50	10
2'	1.35	75.00	7	10	63.21	10
3'	1.10	75.60	10	10	44.25	
	1.25	75.00	10	10	44.25	
4'	1.05	74.80	10	8	44.25	15
5'	1.15	74.80	10	10	44.25	15

$$E = \frac{PQ}{100V_r}$$

式中　E——比能，是高喷灌浆中控制桩径的一个综合性指标，即每建造每米长旋喷桩所耗能量，MJ/m；

P——喷射压力，0.1MPa；

Q——输浆率，L/min；

V_r——提升速度，cm/min。

第三节　高压喷射灌浆试验

一、高压喷射灌浆试验的必要性

我国自 20 世纪 70 年代初期引进高喷灌浆技术至今已有 30 多年的历史,我国科技工作者和工程技术人员在长期的高喷灌浆实践中积累了不少成熟的经验。但是,由于每一个高喷灌浆工程的地质条件(包括岩土的物理力学性质等)和地下水情况都是千差万别,在这些地层进行高压喷射灌浆时,所形成的高喷凝结体的尺寸和质量也各不相同。这种差异,目前还很难用经验的方法或理论计算的方法来判断。所以一些重要的高压喷射灌浆工程在设计或施工前一般都要做高喷灌浆试验。通过现场喷射试验来确定适合本工程地层的最佳高喷灌浆参数组合。

影响高喷灌浆凝结体形成的因素众多,除了熟知的旋喷、定喷、摆喷不同的喷射形式影响高喷凝结体的形状、尺寸外,还有喷射流压力、提升速度、旋转(或摆动)速度、有无气流保护、喷嘴直径、喷嘴出口静水压力(即地下水情况)、地质条件和施工深度等。上述诸因素都会对高喷灌浆凝结体的形状尺寸和质量造成不同程度的影响。所以,搞清各个因素在不同情况下对高喷灌浆凝结体的影响程度,对于做好高喷灌浆设计及选用合理的施工参数至关重要,它将直接关系到高喷灌浆工程的质量好坏和成败。

如果有些中小型工程,在做高喷灌浆初步设计时没有做高喷灌浆试验,采用了与类似工程地质及地下水条件相似情况的高喷灌浆工程的一些参数,那么在正式施工之前也要在施工现场做高喷灌浆施工性试验,以验证在做高喷灌浆初步设计时所采用的参数是否合理,如果所用参数与现场试验参数有较大出入,就要对原来的高喷灌浆设计作必要的修正,以确保设计的经济合理性和技术的可靠性。所以高喷灌浆试验在整个高喷灌浆工程设计与施工中占有重要的地位。

二、高喷灌浆试验场地与时间的选择

在选择试验场地前,首先要对高喷灌浆工程场区的地质条件、地下水情况及周围环境作详细的了解,为选择一个具有代表性的高喷灌浆试验场地做好前期准备工作。软土地基加固高喷灌浆试验场地,一般选择在施工场区内具有代表性而又不影响正式施工的地段进行。而高喷灌浆防渗试验场地,一般应选择在施工场区外附近,并在与施工现场地质条件和地下水情况相近的地段进行。由于高喷灌浆防渗工程多为土石坝、围堰或深基坑防渗等重大工程,所以前期一般不宜直接在所要防渗的工程上做试验,而是在试验场区通过高喷灌浆试验,取得所需要的各种参数和数据后,经过合理的修正,再用于实际工程之中。在试验参数的修正过程中,一定要考虑到实际工程的地质条件、地基应力和地下水情况以及施工深度等因素与试验场地的差异,然后根据这些差异的大小,对高喷试验所获得的凝结体的尺寸大小(即喷射范围、孔距等)进行合理的修正。

高喷灌浆试验时间,一般在高喷灌浆设计前进行,以便通过试验为高喷灌浆设计提供必要的数据和施工参数。由于前期高喷灌浆防渗试验有的不是在需要防渗工程上直接做的,所以试验场区的具体情况与实际工程往往会有一定的差别,高喷灌浆所形成凝结体的尺寸和质量也不会一样。所以在高喷灌浆正式施工之前，还要在施工现场做施工性喷射试验，以检验前期高喷灌浆试验所取得的参数与实际工程试验所得参数的差别，根据差别的大小对高喷灌浆设计作必要的修改。

三、试验的目的和内容

高压喷射灌浆试验的目的，就是通过现场和室内试验，为高喷灌浆设计和施工提供合适的有关参数，以确保高喷灌浆工程达到在经济上合理、在技术上安全可靠。

高喷灌浆试验，一般分为现场喷射试验和室内对喷射加固体进行物理力学性能试验两个阶段。

现场喷射试验，就是通过单孔和不同孔、排距的群孔喷射，找出适合本工程土层情况的最佳高喷灌浆参数组合，及不同喷射形式在不同地层条件下的喷射范围。如果是高喷灌浆防渗，还要进行不同连接方式的喷射试验，从而确定最佳连接方式和最佳孔距。第二阶段就是对高喷加固体进行各种物理力学性能的现场试验。如标准贯入、动力触探、载荷试验、注（抽）水试验和现场开挖检查等。通过对加固体的开挖或钻孔，可以对不同土层、不同部位的加固体进行取样，送入试验室做高喷凝结体的物理力学性能试验。试验内容一般有抗压、抗折、抗拉强度、弹性模量（或压缩模量）、渗透系数及加固体的水泥含量等。有时为了弥补现场试验的不足，在试验室内利用试验场地的不同土料加入不同数量的水泥，按不同的水灰比制成试块，然后进行不同龄期、不同水泥含量试块的物理力学性能试验，从而找出适合本工程地层情况下的最佳浆液配比。

高喷灌浆试验的内容很多，有些工程不一定要全做，可以根据工程的大小和重要程度选取其中的某些试验项目，也可以根据高喷灌浆的不同目的，重点试验某些内容。例如，以软土地基加固为目的的高喷灌浆，主要是以提高地基承载力为主，所以一定要做高喷灌浆加固体的强度试验及单桩或群桩的复合地基载荷试验。如果是以防渗为目的的高压喷射灌浆，主要是以防渗为主，虽然对加固体的强度要求不高，但要求加固体具有一定的塑性和良好的防渗性能，同时还要求高喷灌浆墙体之间具有良好的连接和较好的整体防渗能力，所以一般要做不同喷射形式的围井进行注（抽）水试验，以确定防渗板墙合理的连接形式及板墙的整体渗透系数。

四、试验方法和要求

高喷灌浆试验，一般分为单孔喷射和不同孔、排距的群孔喷射两种，单孔喷射试验主要是确定高喷灌浆参数和不同地质、地基应力、地下水情况及施工深度对高喷灌浆所形成的加固体的影响；而群孔喷射主要是根据工程的不同需求分别确定复合地基的承载能力及高喷防渗体的整体渗透系数等。

（一）高喷灌浆参数的确定

高喷灌浆参数试验就是在相同地层、地下水条件下，选用几组不同的高喷灌浆参数（如喷嘴直径、提升速度、旋转或摆动速度、喷射压力、喷射流量等）进行单孔喷射。选用高喷灌浆参数组数的多少，可根据施工队的经验多少确定。有丰富经验的施工队可以少些，缺乏经验的施工队可以多选几组。单孔喷射一周以后，可以对喷射加固体进行开挖检查，检查不同高喷灌浆参数情况下的喷射范围，并取样试验高喷凝结体的各项物理力学性能指标。经过各方面的对比，选出适合本地层情况下的最佳高喷灌浆参数组合。

（二）不同地层、地基应力、地下水情况及施工深度对高喷灌浆加固体的影响

通过对单孔喷射加固体的开挖检查，或钻孔取样及室内试验加固体的强度、渗透系数等，找出在相同高喷灌浆参数情况下，在不同地层、地基应力、施工深度及地下水情况下的喷射范围、高喷加固体的各项物理力学性能指标的变化，从而找出不同因素对高喷灌浆所形成加固体的影响程度，为高喷灌浆设计确定孔、排距离及其他喷射参数提供科学依据。

（三）高压旋喷桩复合地基承载力的确定

旋喷桩复合地基承载力特征值，应通过现场复合地基载荷试验确定，试验方法可参照《建筑地基处理技术规范》（JGJ 79—2002）有关规定执行。

由于群桩复合地基载荷试验规模大、时间长、代价高，除有些重大工程和有特殊要求的工程外，一般常用单桩和桩间土承载力特征值进行估算，见式（6-26），因为单桩载荷试验要比群桩复合地基载荷试验简单得多。

1. 用单桩竖向承载力 R_a 确定复合地基承载力的方法

$$f_{spk} = m \frac{R_a}{A_p} + \beta(1-m) f_{sk} \tag{6-26}$$

其中：
$$m = d^2 / d_e^2$$

式中 f_{spk}——复合地基承载力特征值，kPa；

m——面积置换率；

d——桩身平均直径，m；

d_e——一根桩分担的处理地基面积的等效圆直径；

R_a——单桩竖向承载力特征值，kN；

A_p——桩的平均截面积，m²；

β——桩间土承载力折减系数，可根据试验或类似土质条件的工程经验确定，无经验时可取 0~0.5，天然地基承载力较高时取大值；

f_{sk}——处理后桩间土承载力特征值，kPa，宜按当地经验取值，如无经验时，可取天然地基承载力特征值。

2. 单桩竖向承载力 R_a 的确定方法

单桩竖向承载力特征值 R_a 可通过现场单桩载荷试验确定。试验方法参照《建筑桩基技术规范》（JGJ 94—94）有关规定。

当无单桩载荷试验资料时，也可以按式（6-27）和式（6-28）估算，取其中较小值：

$$R_a = \eta f_{cu} A_p \tag{6-27}$$

$$R_a = \sum_{i=1}^{n} u_{pi} q_{si} l_i + q_p A_p \tag{6-28}$$

式中 f_{cu}——与旋喷桩桩身水泥土配比相同的室内加固水泥土试块（边长为 70.7mm 的立方体）在标准养护条件下 28d 龄期的立方体抗压强度平均值，kPa；

η——桩身强度折减系数，可取 0.33；

n——桩长范围内所划分的土层数；

u_{pi}——旋喷桩在第 i 层土的周长，m；

l_i——桩周第 i 层土的厚度，m；

q_{si}——桩周第 i 层土的侧阻力特征值，kPa，可按现行国家标准《建筑地基基础设计规范》（GB 50007）有关规定或地区经验确定；

q_p——桩端地基土未经修正的承载力特征值，kPa，可按现行国家标准《建筑地基基础设计规范》（GB 50007）有关规定或地区经验确定。

（四）高喷灌浆防渗板墙整体渗透系数的确定

高喷防渗墙体渗透系数的野外测试方法有两种：一是围井法，该法比较成熟，用该法测试的渗透系数 K 值，机理明确，成果可信，而且测试的是防渗墙体的整体渗透系数；二是钻孔法，在旋喷凝结体上钻孔，进行压（注）水试验，计算渗透系数 K 值，目前尚无合理的计算方法和公式，在《水电水利工程高压喷射灌浆技术规范》（DL/T 5200—2004）中，推荐用计算透水率 q 与渗透系数 K 进行换算。

1. 围井法测试高喷防渗墙体渗透系数

将围井开挖至透水层内一定深度，然后在围井内进行注水（或抽水）试验，如图 6-32（a）所示。也可在井中心部位钻孔，孔径不应小于 50cm，孔深应钻到围井底部附近（不超过围井深度），全孔应下过滤花管，然后在管内进行注水（或抽水）试验，如图 6-32（b）所示。

在透水地层中进行围井注水试验，高喷墙的渗透系数 K 可按式（6-29）进行计算：

$$K = \frac{2Qt}{L(H+h_0)(H-h_0)} \quad (6-29)$$

式中　K——渗透系数，m/d；

　　　Q——稳定流量，m³/d；

　　　t——高喷墙平均厚度，m；

　　　L——围井周边高喷墙轴线长度，m；

　　　H——围井内试验水位至井底的深度，m；

　　　h_0——地下水位至井底的深度，m。

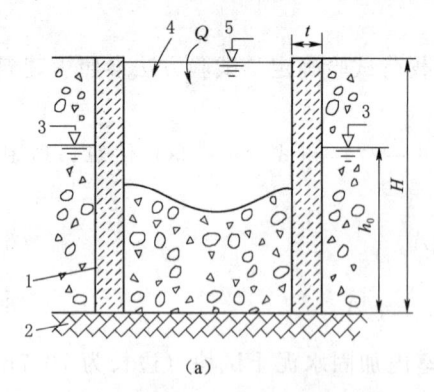

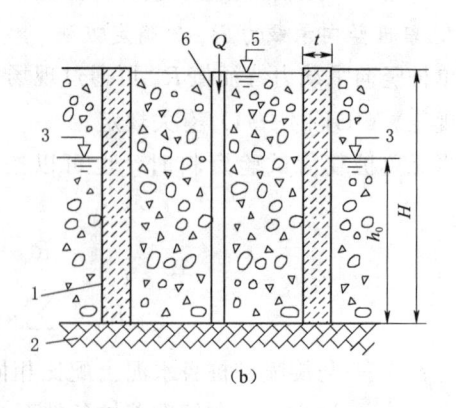

图 6-32　围井注水试验示意图

1—围井；2—相对隔水层；3—地下水位；4—井内开挖；5—注水稳定水位；6—钻孔

2. 用钻孔法测试高喷凝结体的渗透系数

该法主要用于旋喷套接或旋喷、摆喷搭接墙体。具体试验方法可参照《水利水电工程钻孔压水试验规程》(SL 31—2003)。高喷墙体一般都比较单薄，而且强度远比岩石要小得多，所以在做钻孔压水试验时压力不宜过大，以防高喷墙体被水力劈裂。如果试验区地下水位足够深，常用注水试验的方法求得透水率 q。

压水试验试段长度一般为 5m，也可根据工程具体情况确定。为了便于操作，静水头压水试验注水面可与孔口齐平。

高喷防渗体（或岩石）的渗透性，通常有两种表示方法：一种是以渗透系数 K 值表示，采用抽水的方法计算求得，常用单位为 m/d 或 cm/s；另一种以单位吸水量 ω 或透水率 q 来表示，并采用钻孔压水（或注水）试验方法求得。

(1) 单位吸水量 ω 和透水率 q 的涵义及其相互关系。

1) 单位吸水量 ω，在 1m 水头压力下，钻孔中长度 1m 高喷凝固体（或岩石）内每分钟注入的水量，单位为 L/(min·m·m)。并可用式 (6-30) 计算：

$$\omega = \frac{Q}{PL} \tag{6-30}$$

式中 Q——每分钟压入试验段的水量，L/min；
P——总的压水压力，以水头计，m；
L——压水试验段长度，m。

2) 透水率 q，国际上压水试验成果，常以吕荣（Lu）表示，起源于法国。1933 年法国地质学家吕荣（Lugeon）建议：在岩石中作压水试验，以 5m 长度为一段，压水压力 1MPa，1m 段长。1min 压入水量为 1L/min 时称为 1Lu，它的计量单位为 L/(min·m)。欧洲、美洲国家经常采用。20 世纪 80 年代为与国际接轨，压水试验宜采用同一标准便于相互类比，我国有些工程岩石透水性开始采用 Lu 值，并可用式 (6-31) 计算：

$$Lu = \frac{Q}{PL} \tag{6-31}$$

式中 Q——压入流量，L/min；
P——作用于试段内的全压力，MPa；
L——试段长度，m。

3) 单位吸水量 ω 和透水率 q 间的关系。两者成果均经钻孔内压水试验求得，主要不同在于压水压力的选用。通过对压水压力的简易换算，透水率 q 为 1Lu 约等于单位吸水量 ω 为 0.01L/(min·m·m)。

按照两者的定义，也可得出：

$$1Lu = 100\omega \tag{6-32}$$

当然，由于两种试验方法所使用的压力不尽相同，而 $P-Q$ 并非都是直线关系，所以用此式换算并非总是正确的。试验成果的统计结果表明，当透水性较小（Lu<5 或 ω<0.05）时，岩缝内的流态属于层流，$P-Q$ 关系多为直线关系，Lu 与 ω 之间才符合式 (6-32)；当 Lu>5（即 ω>0.05）时，流态开始呈现紊流特征，$P-Q$ 关系表现为曲线型式，用式 (6-32) 推算就可能发生较大的误差。

(2) 渗透系数 K 与单位吸水量 ω（或透水率 q）间的关系。严格地讲，渗透系数 K 与单位吸水量 ω 间并无固定关系。但有时为考虑问题或设计计算方便起见，希望能找到它们之间的近似关系。通过实践，大致有以下几种认识：

1) $K=(1.5\sim2)\omega$ [K 的单位为 m/d，ω 的单位为 L/(min·m·m)]。

例如：某大坝基岩透水性，单位吸水量 ω 平均值为 0.08L/(min·mm)，试求其相应的渗透系数 K。

若采用 $K=2\omega$ 时，则 $K=2\times0.08=0.16$(m/d)$=1.85\times10^{-4}$cm/s。

采用 $K=1.5\omega$ 时，则 $K=1.5\times0.08=0.12$(m/d)$=1.39\times10^{-4}$cm/s。

2) 当用压水试验来估算渗透系数时，吕荣值在 20 以下，可利用下式求算。

$$K=\frac{Q}{2\pi PL}\ln\frac{L}{\gamma_0} \tag{6-33}$$

$$K=\frac{Lu}{120000\pi}\ln\frac{L}{\gamma_0} \tag{6-34}$$

式中 K——渗透系数，m/s（或 cm/s）；
Q——压入流量，L/min；
P——压水试验压力，MPa；
L——试验段长度，m；
γ_0——钻孔半径，m；
Lu——吕荣值，L/(min·m)。

作为近似关系：
$$1Lu=1\sim1.3\times10^{-7}\text{m/s 或 } 1\sim1.3\times10^{-5}\text{cm/s}$$

3) 国外有些学者和单位给出了渗透系数 K 与吕荣值的相关关系图（图 6-33），可以根据该图中的曲线查找。由图 6-33 中可以看出：当 $K=10^{-7}$m/s（即 10^{-5}cm/s）时，吕荣值大约为 $1\sim3$；当 $K=10^{-5}$m/s（即 10^{-3}cm/s）时，各曲线的吕荣值均大于 30。

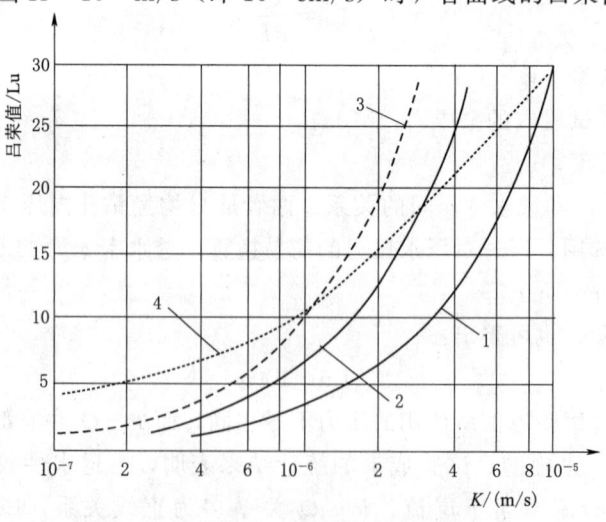

图 6-33 渗透系数 K 与吕荣值的相关关系图
1—里斯勒（Rissler）作的曲线，各向同性岩性；2—里斯勒作的曲线，严重的各向异性的岩体；
3—美国垦务局作的曲线；4—海飞尔（Heitfeld）作的曲线

4) 我国《水工建筑物防渗工程高压喷射灌浆技术规范》(DL/T 5200—2004)条文说明中规定,如需进行透水率 q 与渗透系数 K 之间的换算,可参考下列关系式:

透水率 q 为 1Lu 时,约相当于渗透系数 K 为 $1.3×10^{-5}$cm/s。

若要求 $K=i×10^{-6}$cm/s,则可取 $q<1$Lu。

若要求 $K=i×10^{-5}$cm/s,则可取 $q=1\sim 5$Lu。

若要求 $K=i×10^{-4}$cm/s,则可取 $q=5\sim 20$Lu。

(3) 高喷防渗墙体透水性分级。高喷防渗体的透水性分级,可参照坝基岩体按透水率和渗透系数来确定岩体渗透性分级的方法,见表 6-13。

表 6-13　　　　　　　岩体(或高喷防渗体)渗透性分级

渗透性等级	渗透系数 K/(cm/s)	透水率 q/Lu	岩 体 特 征
极微透水	$K<10^{-6}$	$q<0.1$	完整岩石,含等价开度小于 0.025mm 裂隙的岩体
微透水	$10^{-6}\leqslant K<10^{-5}$	$0.1\leqslant q<1$	含等价开度 0.025~0.05mm 裂隙的岩体
弱透水	$10^{-5}\leqslant K<10^{-4}$	$1\leqslant q<10$	含等价开度 0.05~0.10mm 裂隙的岩体
中等透水	$10^{-4}\leqslant K<10^{-2}$	$10\leqslant q<100$	含等价开度 0.10~0.50mm 裂隙的岩体
强透水	$10^{-2}\leqslant K<10$	$q\geqslant 100$	含等价开度 0.50~2.50mm 裂隙的岩体
极强透水	$K>10$		含连通孔洞或等价开度大于 2.50mm 裂隙的岩体

第四节　高喷灌浆施工

一、施工前的准备工作

(一) 施工组织设计基本要求

高喷灌浆施工前,施工单位要编制切实可行的施工组织设计。施工组织设计编制依据的文件有:国家有关法律、法规、规章和技术标准;施工合同或协议;工程设计文件和施工图纸;高喷墙轴线处的工程地质和水文地质资料;高喷墙施工范围内已有建筑物和管线(地上及地下)资料;工程有关高喷灌浆工艺参数试验和生产性试验成果;施工技术要求等。

施工组织设计应包括以下内容:分析工程区域的地形、地质、水文、气象、当地材料、交通道路及施工用水供给、动力供应等施工条件;确定施工场地和道路、仓库以及其他临时建筑物可能的布置情况;考虑自然条件对施工可能带来的影响和必须采取的技术措施;确定各工种每月可以施工的有效工日和冬、夏季及雨季施工技术措施的各项参数;确定主要建筑材料的供应方式和运输方式,及可供应的施工机具设备数量和性能,临时给水和动力供应设施的条件等;研究主体工程施工方案,确定施工顺序,编制进度计划。根据工程量的大小和进度计划,确定材料、机具设备、劳动力的需要量,以此来编制技术和生活供应计划。确定仓库数量、规模、工地房屋需要量及工地临时供水、供电、供风设施的规模和布置;绘制施工现场的总平面布置图。

(二) 施工设备的选用

应根据高喷灌浆的目的或任务、地层结构与岩土性质、喷射方法和喷射形式、工程量大小、工期要求，施工场地条件等选择合适的机械设备。

高喷灌浆不同工法有各自的适用范围和条件，不同的喷射类型和喷射形式，使用的设备有所不同。单管法需钻孔、制浆、高压泥浆泵等主要设备；二管法比单管法增加了空气压缩机；而三管法又比二管法增加了高压水泵，并将高压注浆泵改为中低压注浆泵。新三管法同时采用了高压水泵和高压注浆泵。

施工深度较深时，应考虑采用较大压力和流量的空气压缩机。在净空高度有限制要求时，钻机和高喷台车起架高度要满足空间要求。

机械设备的数量要满足进度和工期要求，常用高喷灌浆设备见表6-14。所用设备的数量和型号，可根据工程量的大小和要求来选用。

表6-14　　各种高喷灌浆法主要施工设备一览表

序号	设备名称	型号	规格	单管法	二管法	三管法	多管法
1	高压泥浆泵	PP-120注浆泵	40MPa				
		SNS-H300泵	30MPa	√	√		
		Y-2型压力泵	20MPa				
2	高压水泵	3D2-S型	50MPa			√	√
3	钻机	工程地质钻		√	√	√	√
		震动钻					
4	泥浆泵	HB80型	80L/min			√	√
		BW型					
5	真空泵						√
6	空压机		8kg/cm^2		√	√	√
			6m^3/min				
7	搅拌机			√	√	√	√
8	单管喷射管			√			
9	双管喷射管				√		
10	三管喷射管					√	
11	多管喷射管						√
12	超声波传感器						√
13	高压胶管	$\phi19\sim\phi22$		√	√	√	√

(三) 施工场地布置

1. 施工总布置原则

充分考虑工程的设计要求、要求完工日期、施工特点及工艺特点，有利于生产，便于管理；尽量避免施工各环节之间的相互干扰；因地制宜，分散与集中相结合，合理布置施工场地、施工工厂和生活管理区，力求紧凑，节约占地，减少临建工程量。

如长江三峡工程三期围堰高喷灌浆防渗工程施工，时间紧、任务重、施工设备多。由于进行了统筹规划、合理安排，减少了相互干扰，使高喷防渗墙施工保质、保量地提前完成了任务。施工现场布置如图 6-34 所示。

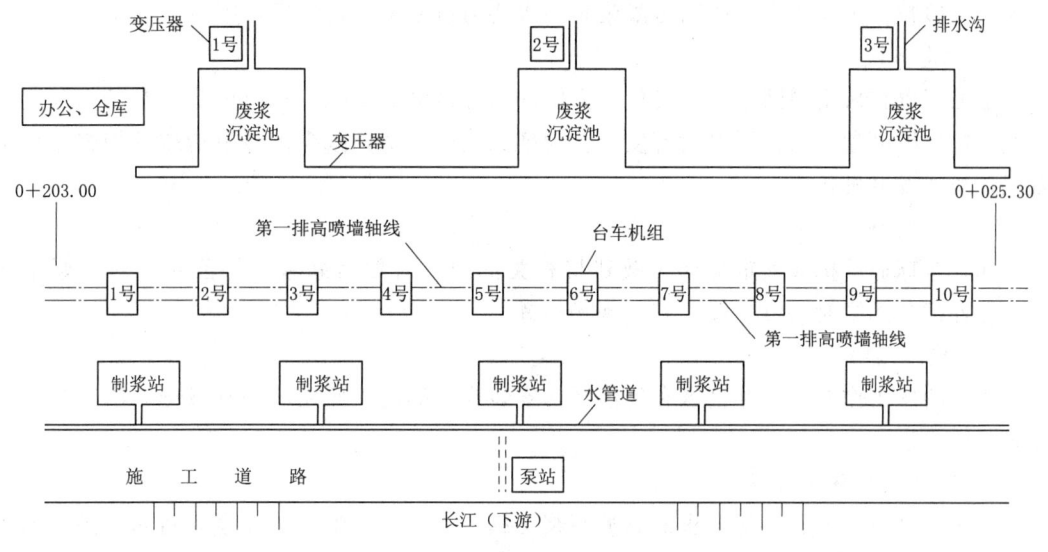

图 6-34　三峡三期下游围堰高喷灌浆施工平面总布置示意图

2. 施工平台

施工平台要做到平整、坚实、稳定，大小满足施工布置。在水上施工时须专门搭建施工平台。

3. 机械设备布置

高喷台车、钻机沿轴线布置或移动。制浆设备（或搅灌设备）、高压泵、空压机的布置，一般以集中布置和居高布置为好，位置以距离喷射孔不超过 50m 为宜，并不影响高喷台车、钻机的移动。还要考虑到喷射（水、气、浆）管路的布设及回浆的处理或回收利用。

在场地较狭窄且较长的施工段上，有条件时可将设备放在专门铺设的轨道上运行，以提高施工效率，加快施工进度。

4. 施工场地排水设施

施工期间排水包括施工弃水的排放、天然降水造成的施工范围内有碍施工的积水的排放。施工场地设置统一的排水沟，施工弃水统一收集，由专用管路排放到指定位置。因下雨产生的场地积水利用排水沟随施工弃水排除，其他积水可用人工排除。

5. 场内施工交通

利用原有交通道路和场地内临时交通道路运送设备和材料，其他场内交通根据实际情况临时设置。

6. 生活、办公及仓储、修配设施布置

根据现场条件，搭建仓库、办公和生活住房。施工轴线较长时，材料库房可随水泥搅拌站移动临时搭建。冬雨季施工时，需搭建保温棚、雨棚。

7. 供水系统

施工用水采用自来水或用潜水泵从水库或井提取，引至各施工区域内的蓄水箱，经沉淀过滤后再通过输水管路分别引至各用水设备。供水流量要满足各设备用水量的要求。有时水中含砂粒，供高压水泵或高压灌浆泵的水要通过土工布过滤后使用。

8. 供电系统

施工用电宜采用国网电，自发包人提供的电源接电引至施工总配电盘，在场内利用电缆引至各分配电盘，供各用电设备使用。为确保生产安全，减少因停电造成的损失，现场需配备柴油发电机备用。

9. 通信系统

配备全球通手机或固定电话，做到与有关部门及时取得联系，保证对内对外联络畅通，另外配备无线对讲机，用于施工现场指挥。

10. 施工照明

所有的施工作业区、办公区和生活区，安装充足的施工照明线路和设施，满足昼夜连续施工的要求。

（四）观测设备的安装

对于某些重要或有特殊要求的高喷灌浆工程，为了确保施工的安全和对高喷灌浆质量的正确评价，在灌前安装必要的观测设备，如对于一些重要和坝高较大土坝的高喷灌浆防渗工程，在施工前应在高喷防渗轴线上、下游埋设必要测压管（或浸润线管），安装坝后渗流量的观测设备，并在灌浆施工前观测3～5次作为原始资料，以便分析灌浆施工中或灌浆后的观测资料，判断高喷灌浆防渗效果。如果高喷灌浆轴线布置在坝顶，对于高坝或窄心墙坝还要布置一定数量的沉降位移观测点，以监测大坝在高喷灌浆施工期间的变形，确保大坝安全。

对于深基坑高喷防渗工程，一般应在基坑周边埋设足够的地下水位观测孔和地面沉降、位移观侧点，以便在基坑开挖降水时，监控基坑周边的地下水位和地面变形。以便将其控制在允许范围之内。如果基坑周边有重要建筑物，还应对这些建筑物进行观测。

安装观测设备的内容和多少，应根据不同工程的需要而定，不能统一要求。一般以满足工程的施工安全和能准确评估高喷灌浆效果为原则。

二、浆料的选用及配方

（一）一般规定

1. 固结材料

高喷灌浆最常用的固结材料为水泥浆。所使用的水泥品种和强度等级，应根据工程需要确定。宜采用普通硅酸盐水泥，其强度等级可为42.5级或以上，质量应符合GB 175—2007的规定。不得使用过期的和受潮结块的水泥。

2. 拌和用水

高喷灌浆用水应符合《水工混凝土施工规范》（DL/T 5144—2001）中混凝土拌和用水的要求。

3. 配合比

高喷灌浆浆液的水灰比可为1.5∶1～0.6∶1（密度约1.4～1.7g/cm³）。

4. 掺合料

有特殊要求时，可加入下列掺合料。

（1）黏性土，塑性指数不宜小于14。

（2）粉煤灰，其质量标准可参照DL/T 5055，见表6-15。

表6-15　　　　　　　　　粉煤灰技术要求

序号	项　目	技术要求 Ⅰ	技术要求 Ⅱ	技术要求 Ⅲ
1	细度（45方孔筛筛余），不大于/%	12	25	45
2	露水量，不大于/%	95	105	115
3	烧失量，不大于/%	5	8	15
4	含水量，不大于/%	—	1	—
5	三氧化硫，不大于/%	—	3	—

（3）砂，宜为质地坚硬的天然砂或人工砂，最大粒径不宜大于2mm。

（4）外加剂，根据工程需要可在水泥浆液中加入速凝剂、减水剂等外加剂。掺合料与外加剂的种类及掺入量应通过室内试验和现场高喷灌浆试验确定。

5. 浆液制备和防护

水泥浆的搅拌时间使用高速搅拌机应不小于30s；使用普通搅拌机应不少于90s。水泥浆自制备到用完的时间不应超过4h。

低温季节施工应做好机房和输浆管路的防寒保温工作，高温季节施工应采取防晒和降温措施，浆液温度应保持在5～40℃。

6. 回浆处理利用

在含黏粒较少的地层中进行高喷灌浆，孔口回浆经处理后方可利用；在软塑至流塑状的黏性土或淤泥质土层中，其孔口回浆由于含泥过多一般不能直接使用，需加入足够的水泥重新搅拌达到设计要求后方可使用。

（二）特性浆液

大粒径地层中，细颗粒物质含量较少，空隙率大，地层具强透水性，喷射过程中浆液在动水流作用下易发生水泥颗粒的流失，导致结石率低或基本无结石，起不到防渗作用，需要采取措施防止浆液流失，保证浆液有效地进入被喷射地层。因此，对浆液的特性有了更高的要求。通过大量试验，研制出两类特性的浆液。

1. 稳定性浆液

稳定性浆液系通过在水泥浆中掺加适量掺合料和减水剂的方法，使浆液在两小时内析水率不大于5%。稳定性浆液属宾汉姆流体，其特征用黏度和凝聚力两个参数描述，一般控制范围是：马式漏斗黏度为30～40s，凝聚力为2.5～3.5N/m^2。

实际施工中采用在水泥浆中掺加膨润土和高效减水剂的方法，来提高浆液的稳定性，根据对墙体强度、弹模的要求采用以下指标：水灰比（0.8～0.9）:1，膨润土掺量5%～20%，减水剂0.5%，浆液比重1.55～1.65（三重管法）。这种可使墙体的强度，弹模有所降低，使墙体的变形适应性增强。

2. 速凝浆液

按浆液漏失的程度采用两类速凝浆液：一是当地下水流速大于80m/d时发生水泥颗粒缓慢流失现象，这时喷射孔口并无明显失浆，容易被忽视，一旦发生会造成水泥结石降低，甚至不能形成结石，通过添加少量速凝剂的方法改善浆液黏度，增加抵御水流的能力，同时将初凝时间缩短2～3倍，以防止水泥颗粒过多流失。速凝剂一般采用浓度35Be′的液态水玻璃或固体粉状氯化钙，添加量一般为水泥重量的2%～5%。另一类是浆液严重漏失孔口无回浆情况下配合充填砂而采用的一种速凝浆液。这种浆液以水泥水玻璃为主剂，两者按1:0.5～1:1的比例（重量比），采用双液方式注入地下漏浆处，在出口混合后在一定范围内产生凝胶，达到控制浆液流失保证固结成墙的目的。

3. 常用特殊浆液配方

目前国内对于有特殊要求的高喷灌浆工程，常用特殊浆液配方见表6-16，国外某些公司常用的特殊浆液配方见表6-17。

表6-16　　　　　　　　国内常用的高喷特殊浆液配方表

配方类型	序号	外加剂成分及百分比/%	浆液特性	配方类型	序号	外加剂成分及百分比/%	浆液特性
促凝早强型	1	氯化钙2～4	促凝、早强，可灌性好	填充剂型	8	粉煤灰25	调节强度、节约水泥
	2	铝酸钠2	促凝，强度增长慢，稠度大		9	粉煤灰25 氯化钙2	促凝、节约水泥
	3	水玻璃2	初凝快，终凝时间长、成本低		10	粉煤灰25 氯化钙2 三乙醇胺0.03	促凝、早强、节约水泥
	4	三乙醇胺0.03～0.05，食盐1	有早强作用		11	粉煤灰25 硫酸钠1 三乙醇胺0.03	早强、抗冻性好
	5	三乙醇胺0.03～0.05，食盐1 氯化钙2～3	促凝、早强，可喷性好		12	矿渣25	提高固结强度、节约水泥
	6	氯化钙（水玻璃）2，"NNO" 0.5	促凝、早强、强度高，浆液稳定性好		13	矿渣25 氯化钙2	促凝、早强、节约水泥
	7	氯化钠1 亚硝酸钠0.5 三乙醇胺0.03～0.05	防腐蚀、早强、后期强度高				

表6-17　　　　　国外某些公司所用喷射灌浆混合物配比表

灰浆类型	1m³灰浆成分/kg	水灰比W/C	膨润土占水泥重量/%	外加剂占水泥重量/%	马氏黏度/s	容重/(kN/m³)	24h总体积/%
水 水泥:325Pozz	750 750	1:1	—		29	15.0	76
水 水泥:325Pozz	715 858	1:1.2			31	15.7	81

第四节 高喷灌浆施工

续表

灰浆类型	1m³灰浆成分/kg	水灰比 W/C	膨润土占水泥重量/%	外加剂占水泥重量/%	马氏黏度/s	容重/(kN/m³)	24h总体积/%
水 水泥：325Pozz	667 1000	1∶1.5	—	—	36.5	16.7	89
水 膨润土：C13/S 水泥：325Pozz	748 7.5 748	1∶1	1	—	33.5	>15	75
水 膨润土：C13/S 水泥：325Pozz	712 8.5 855	1∶1.2	1	—	38	>15.7	4h后90
水 膨润土：C13/S 水泥：325Pozz	644 10 966	1∶1.5	1	—	53.5	16.7	3h后97
水 水泥：325P.TD	750 750	1∶1	—	—	27	15.0	69
水 膨润土：C13/S BKS 水泥：325Pozz	750 3 0.3 750	1∶1	0.4	0.04	30	15.0	80
水 膨润土：AU超级 BKS 水泥：325Pozz	750 4 0.375 750	1∶1	0.4	0.04	33	15.0	92
水 膨润土：AU超级 BKS 水泥：325Pozz	750 3.5 0.375 750	1∶1	0.54	0.05	15.5	15.0	95
水 膨润土：AU超级 BKS 水泥：325Pozz	750 3.5 0.375 966	1∶1.2	0.47	0.05	34	15.0	93
水 水泥：325P.TD	750 750	1∶1	—	—	27	15.0	69
水 膨润土：C13/S BKS 水泥：325Pozz	750 3 0.3 750	1∶1	0.4	0.04	30	15.0	80
水 膨润土：AU超级 BKS 水泥：325Pozz	750 3.5 0.3 750	1∶1	0.4	0.04	33	15.0	92
水 膨润土：AU超级 BKS 水泥：325Pozz	750 4 0.375 750	1∶1	0.54	0.05	35.5	15.0	95

127

续表

灰浆类型	1m³ 灰浆成分/kg	水灰比 W/C	膨润土占水泥重量/%	外加剂占水泥重量/%	马氏黏度/s	容重/(kN/m³)	24h 总体积/%
水 膨润土：AU 超级 BKS 水泥：325Pozz	750 3.5 0.375 750	1:1	0.47	0.05	34	15.0	93
水 膨润土：AU 超级 BKS 水泥：325Pozz	714 2 0.35 857	1:1.2	0.24	0.041	34	15.7	95
水 膨润土：AU 超级 BKS 水泥：325Pozz	667 0.8 0.3 1000	1:1.5	0.08	0.031	37.5	16.7	95

（三）灌浆材料用量估算

1. 浆液用量估算

常用的方法有两种：一种是体积法，另一种是喷量法。前者多用于黏性土或砂质土中旋喷桩用浆量的估算；后者多用于漏浆严重的复杂地层或喷射加固体不规则、其形状难以控制的喷射灌浆（如摆喷、定喷、扇形喷射及桩间止水等）的浆液用量估算。

（1）体积法。浆液的用量可以按式（6-35）计算：

$$Q = \frac{1}{4}\pi D^2 H \alpha (1+\beta) \tag{6-35}$$

式中 Q——浆液的用量，m³；

D——设计的旋喷桩直径，m；

α——混合系数，$\alpha=0.6\sim0.8$；与旋喷桩直径和土质有关，单管法和二重管法的 α 分别如图 6-35 和图 6-36 所示。

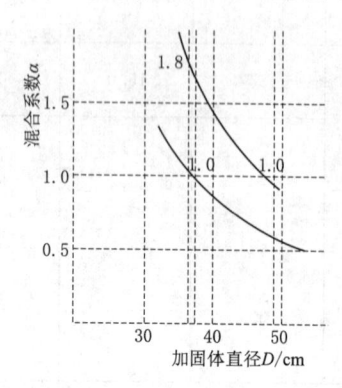

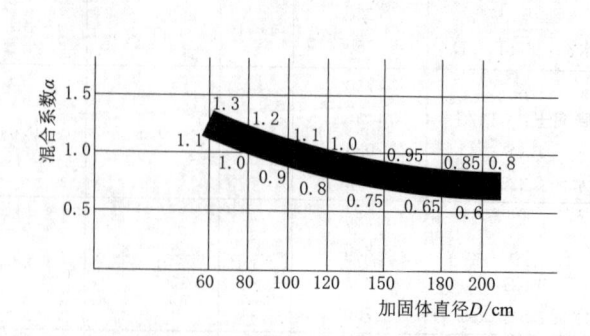

图 6-35 单管法桩径与混合系数关系表　　图 6-36 二重管法桩径与混合系数关系表

根据一些工程的统计数据，单管法和二重管法的实际硬化剂用量分别见表 6-18 和表 6-19。

表 6-18　　　　　　　　　单管法加固体直径与浆液用量统计表

土名	土质条件	加固体直径/cm	浆液量/(L/m)
砾石层	$k \geqslant 1 \times 10^{-2} \text{cm/s}$	50～60	150
砂砾石层	$k \geqslant 1 \times 10^{-3} \text{cm/s}$	35～45	130
有机土层	$\omega \geqslant 150\%$	40～45	130

表 6-19　　　　　　　　　二重管法加固体直径与浆液用量统计表

加固体直径/cm	浆液量/(L/m)	加固体直径/cm	浆液量/(L/m)
60	340～400	150	1460～1850
80	550～660	180	1820～2380
100	780～950	200	2070～2750
120	990～1240		

（2）喷量法。喷量法就是利用单位时间喷射的浆量 q 及持续喷射时间 t，计算出用浆量，即

$$Q = qt(1+\beta) \tag{6-36}$$

其中
$$t = L/v$$

式中　Q——浆液的用量，m^3；

　　　q——单位时间喷浆量，$m^3/\min$；

　　　t——喷射时间，min；

　　　L——喷射长度，m；

　　　v——提升速度，m/min，与地层情况和喷射范围有关，应通过现场试验确定；

　　　β——损失系数，一般取 0.1～0.2。

2. 材料用量的估算

根据浆液的用量和所用浆液的水灰比可计算所需要的水泥、水和外加剂的用量。水灰比常取水泥的份数为 1，而水为水泥的倍数即为水灰比数。譬如 2∶1，1.5∶1，…，也可写为水灰比为 2，1.5，…，以此来表示水泥浆的稠稀。

各种稠度的浆液所需材料用量可用公式进行计算。

根据基本的物理关系为

$$\frac{W_c}{\gamma_c} + \frac{W_w}{\gamma_w} = V \tag{6-37}$$

式中　W_c——水泥重量，kg；

　　　W_w——水的重量，kg；

　　　n_w——水灰比，$n_w = \dfrac{W_w}{\gamma_w}$；

　　　V——由水和水泥制成的浆量，L；

　　　γ_c——水泥比重，由出厂单位提供，一般为 3.0～3.4；

　　　γ_w——水的比重，通常可取 1。

可导出：

$$W_c = \frac{V}{\frac{1}{\gamma_c} + \frac{n_w}{\gamma_w}}$$ (6-38)

$$W_w = n_w W_c$$

若 γ_w 取 1，则

$$W_c = \frac{V}{\frac{1}{\gamma_c} + n_w}$$ (6-39)

根据式（6-37）和式（6-38），当制浆量为150L时，所需水泥量和水量见表6-20。

表 6-20　　　　　　　　　　制浆 150L 配料用量表

水泥品种	材料名称	水 灰 比								
		8:1	5:1	3:1	2:1	1:1	1.5:1	0.8:1	0.6:1	0.5:1
		用料量								
硅酸盐水泥、普通水泥 ($\gamma_c=3.4$)	水泥/kg	18	28.2	45.2	64.6	82.4	113.6	133.9	163	182.9
	水/L	144.2	141	135.6	129.2	123.6	113.6	107.1	97.8	97.5
硅酸盐水泥、火山灰水泥 ($\gamma_c=2.9$)	水泥/kg	18	28.1	44.9	64.1	81.5	111.9	131.6	159.6	178.6
	水/L	143.9	140.5	134.7	128.2	122.3	111.9	105.3	95.7	89.3

在灌浆过程中，为了检查浆液中水灰比的实际情况，一般是通过测定浆液比重来完成的。水泥浆比重与单位浆液体积内含水泥和水量的关系如图6-37所示。

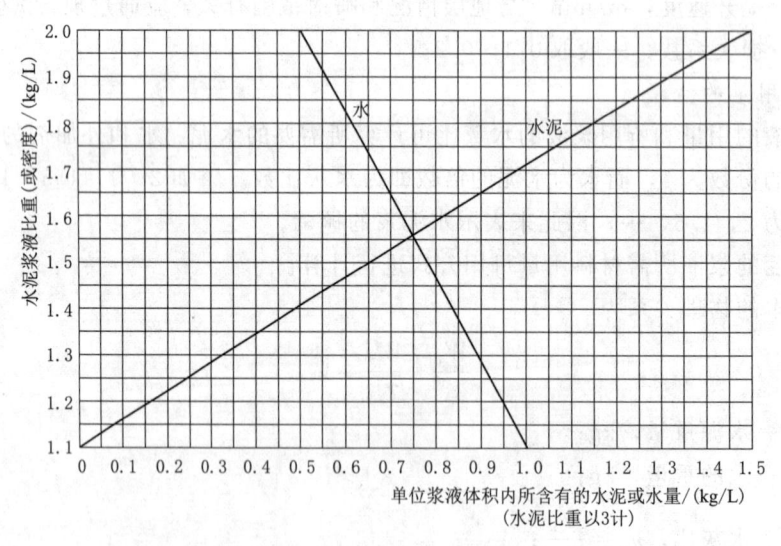

图 6-37　水泥浆比重与单位体积浆液中所含有的水泥或水量关系图

三、确定高压喷射灌浆参数

高喷灌浆参数一般是通过现场试验来确定的，如果缺乏现场试验资料，也可参考相近工程的高喷灌浆施工参数或一些经验参数。目前国内外常用高喷灌浆施工参数如下。

第四节 高喷灌浆施工

(一) 国内常用高喷灌浆施工参数

国内常用高喷灌浆施工参数见表 6-21。

表 6-21 国内常用高喷施工参数

高压喷射注浆的种类			单管法	二重管法	三重管法
适应的土质			砂土、黏性土、黄土、杂填土、小粒径砂砾		
浆液材料及配方			以水泥为主要材料,加入不同外加剂后可具有速凝、早强、抗蚀、防冻等性能,常用水灰比1:1,亦可用化学材料		
高压喷射注浆参数值	水	压力/MPa	—	—	≥20
		流量/(L/min)	—	—	80~120
		喷嘴孔径(mm)及个数	—	—	Φ2~Φ3(1个或2个)
	空气	压力/MPa	—	0.7	0.7
		流量/(m³/min)	—	1~2	1~2
		喷嘴孔径(mm)及个数	—	1~2(1个或2个)	1~2(1个或2个)
	浆液	压力/MPa	20	20	1~3
		流量/(L/min)	80~120	80~120	100~150
		喷嘴孔径(mm)及个数	Φ2~Φ3(2个)	Φ2~Φ3(1个或2个)	Φ10(2个)~Φ14(1个)
	注浆管外径/mm		Φ42或Φ45	Φ42、Φ50、Φ75	Φ75或Φ90
	提升速度/(cm/min)		20~25	约10~20	约10~20
	旋转速度/(r/min)		约20	约10~20	约10~20

近年来,在砂卵石地基中进行高喷灌浆工程越来越多,对原来的二管法和三管法进行了改进,主要喷射参数也有了变化,见表 6-22。

表 6-22 新的高喷参数表

项目	浆压/MPa	浆量/(L/min)	水压/MPa	水量/(L/min)	气压/MPa	气量/(m³/min)	提速/(cm/min)	转速/(r/min)
老三重管法	0.5	80	40	75	0.7	1.2	6~10	6~10
新三重管法	40	70~100	40	≥75	1.0	2~6	6~16	6~20
二管法	40	130	—	—	1.0	5~10	10~20	10~20

(二) 国外某些公司所用高喷灌浆施工参数

意大利土力公司所用高喷灌浆施工参数见表 6-23,英格索兰公司所用高喷灌浆施工参数见表 6-24,意大利卡沙特兰地公司所用高喷灌浆施工参数见表 6-25。

表 6-23 高喷标准工作参数表

特雷维公司喷射法	T1	T1-SUPER	T2	特雷维公司喷射法	T1	T1-SUPER	T2
圆柱体直径/cm	40~70	80~120	120~200	喷水嘴直径/mm			1.8~2.6
灰浆泵压力/MPa	40~45	40~45	2~6	压缩空气压力/MPa	—	0.7~1.7	0.7~1.7

续表

特雷维公司喷射法	T1	T1-SUPER	T2	特雷维公司喷射法	T1	T1-SUPER	T2
灰浆输送量/(L/min)	80～150	120～180	70～100	气流输送量/(m³/min)	—	8～10	8～10
喷浆嘴直径/mm	1.6～2.2	2.5～3.0	3.5～5.0	喷气嘴环隙/mm	—	1.0	1.0
水泵压力/MPa	—	—	40～60	提升速度/(cm/min)	25～50	16～25	4～7
水流输送量/(L/min)	—	—	80～120	旋转速度/(r/min)	10～30	7～15	4～10

表 6-24　　　　　　　　　　　　高喷施工参数表

参数＼工艺	单管法	双管法	三重管法
切割射流种类	水泥浆液	水泥浆+压缩空气	高压水和压力
水泥浆压力/MPa	40～60	40～60	1.5～4.0
水压力/MPa	—	—	40～60
压缩空气压力/MPa	—	0.5～0.6	0.5～0.6

表 6-25　　　　　　　　　　　　旋喷注浆参数表

旋喷注浆参数	单管法 最小	单管法 最大	双管法 最小	双管法 最大	三重管法 最小	三重管法 最大
浆液注浆压力/MPa	20	60	30	60	3	7
浆液流量/(L/min)	40	120	70	150	70	150
空气压力/MPa	—	—	0.6	1.2	0.6	1.2
空气流量/(L/min)	—	—	2000	6000	2000	6000
水注入压力/MPa	—	—	—	—	20	50
水流量/(L/min)	—	—	—	—	70	150
浆液喷嘴直径/mm	1.5	3	1.5	3	4	8
水喷嘴直径/mm	—	—	—	—	1.5	3
同心空气喷嘴环隙/mm	—	—	1	2	1	2
转速/(r/min)	10	25	5	10	5	10
提升速度/(cm/min)	10	50	7	30	5	30

四、施工程序

通常的高喷灌浆施工所用高喷灌浆设备、施工条件和所处的地层岩土颗粒组成不同，施工程序也有差别，就目前国内大多数施工单位所用的高喷灌浆设备而言，大多数是钻孔和喷射灌浆分开的；先利用钻机钻孔，然后下入喷射管自下而上喷射灌浆。

施工程序：测量定孔、钻机就位、钻孔、下喷射管、喷射灌浆提升（旋转、定向、摆动）成桩成板成墙、静压回灌、管路冲洗。高喷灌浆施工程序如图 6-38 所示，施工工艺流程如图 6-39 所示。

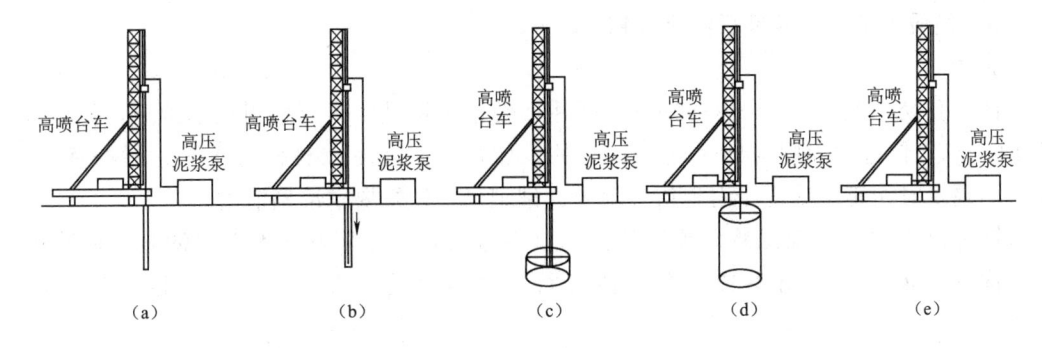

图 6-38 高喷灌浆施工程序图

(a) 高喷台车就位；(b) 下喷射管；(c) 喷射提升；(d) 喷射终止；(e) 冲洗及台车移位

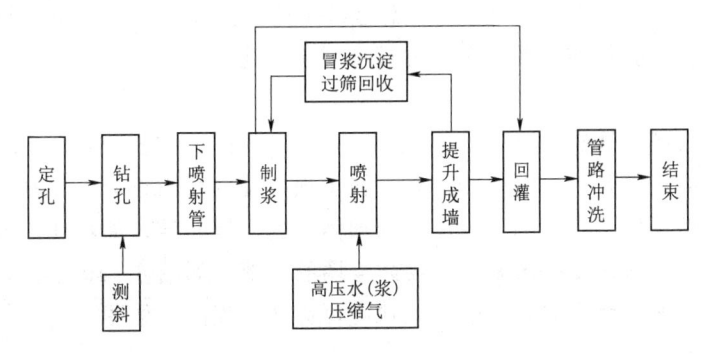

图 6-39 施工工艺流程图

如遇特殊情况，还应增加某些内容，如在窄心高坝坝顶布高喷孔，钻孔及高喷灌浆时应下套管；在块石地层高喷，漏浆严重时，应充填级配料；在水上作业，应搭建施工平台等。

由多排孔组成的高喷墙宜先施工下游排，后施工上游排，最后施工中间排。同一排孔施工中，钻孔和喷射一般分两序进行，先施工一序孔，后施工二序孔；特殊情况应分多序。

(一) 钻孔程序及要求

高喷钻孔应根据地质情况和钻孔深度选用不同的成孔设备进行。一般钻孔较浅（一般不超过25m），土质又比较松软（如土层标贯系数 N 值小于40的砂类土和黏性土）时，可采用振孔高喷，用振动钻机将喷射管直接送入预定深度。当钻孔较深或钻孔虽然不深，但土层中有较多卵石或块石，一般要用钻机钻孔，成孔后再下入喷射管。目前国内高喷灌浆多为钻孔和喷射分开进行，现将用钻机钻孔的程序和要求简述如下。

1. 测量定孔

由专职测量人员按设计要求放线确定孔位，孔位与设计位置偏差不大于20mm，用木桩或钢筋固定，标注孔号。因故变更孔位时须经设计和监理同意。

2. 钻机就位

由技术人员下达钻孔通知单，经技术人员核对孔位后，将钻机移至钻孔位置，调整机身水平，立轴垂直，使钻杆轴线垂直对准孔位，垫平、垫牢机座，钻孔对中误差不大于

20mm。经质检员检查核准后签字开钻。

3. 钻孔

钻孔孔径一般采用110～150mm。采用回转钻机钻进时，可采用泥浆护壁，孔径应大于130mm，钻进过程中应时刻注意钻机的工作情况，随时测量机身水平、钻杆垂直度，发现问题及时纠正。钻进中对地层情况要详细记录，记录要求准确清晰。

钻进过程中，出现泥浆严重漏失，孔口不返浆时，可采取加大泥浆浓度、泥浆中掺砂、向孔内填充堵漏材料或对漏失段先行灌浆等措施，直至孔口正常返浆后再继续钻进。

钻孔结束后，由值班技术员和专职质检员对成孔质量进行验收。检查项目包括孔位偏差、孔径、终孔深度、孔斜率、入岩深度。钻孔有效深度应超过设计深度0.3～0.5m。孔斜率应满足设计要求，一般不超过1%，不合格孔重新扫孔纠正。对不合格孔不能进行高喷灌浆，对合格孔经验收签字后，钻机方可移至下一孔位。

4. 下套管

有些工程进行高喷灌浆钻孔时，需要下入套管，对孔壁进行保护。如坝高大于30m的土坝坝基进行高喷灌浆，高喷孔轴线布置在土坝心墙轴线附近时，钻孔一般下套管，以防高喷灌浆时劈裂坝体。套管的下入深度因坝体心墙质量而异，如坝体心墙质量较差又为窄心墙坝时，套管下入深度一般要到高喷防渗墙的顶部，如图6-40（a）所示，如果坝体心墙质量较好又为宽心墙坝时，套管下入深度可为2/3坝高，如图6-40（b）所示。

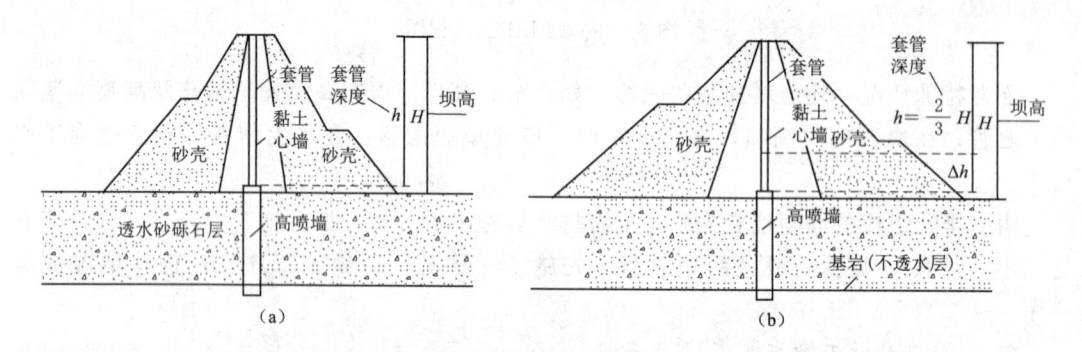

图6-40 坝体心墙内钻孔套管下入深度示意图
(a) 坝体质量差的窄心墙坝；(b) 坝体质量好的宽心墙坝

另外，在淤泥地层钻高喷孔时，当孔深大于10m有时也需要下套管，否则由于淤泥缩孔，浆液返不上来，浆液在下部产生水平劈裂，抬高地面。二管法高喷灌浆比单管法为明显，如珠海电厂循环水泵房软土地基高喷灌浆加固时没有下套管，钻孔深度约13m，喷射长度为12.3m，喷射压力约为30MPa，二管法喷射区地面抬高0.5～0.8m，单管喷射区地面抬高约0.5m。所以在某些特殊情况下，钻孔下入套管进行高喷灌浆，确保高喷灌浆质量和施工安全的重要环节。在喷射灌浆地层，需要进行孔壁保护时，在泥地层可下入特制的PVC管，在砾卵石地层可向孔内注满护壁泥浆进行保护。

5. 钻孔保护

钻进暂停或终孔待喷时，孔口加盖，孔内采取防坍措施。

(二) 喷射灌浆步骤

1. 喷射台车就位

钻孔经验收合格后，将高喷台车移至孔位，将台车底盘找平，确保喷射管竖直，并对准钻孔中心，然后进行地面试喷，检查管路是否通畅及设备仪表运行状况，正常后准备下喷射管。

2. 下喷射管

下入喷射管必须保持铅直，上下活动自由，不别管。喷射管要下到预定设计深度，若喷射管下放不到位，必须进行扫孔，重新放入。下管结束后，根据钻孔轴线进行喷射方向的定位，调整好摆角，待定向核对无误并经验收后，启动高喷设备，调至正常开始喷射作业。

3. 喷射提升

喷射管下至设计深度后，开始送入符合要求的浆、气进行静喷，待孔内浆液冒出孔口后，开始按设计的提升速度，自下而上开始喷射作业，直至设计的终喷高度，停喷并提出喷射管。高喷灌浆采用全孔连续作业。每当拆卸一节喷管后，须将喷射管下落一定深度进行复喷，其搭接长度不小于0.2m。喷射过程中，要详细、准确记录各项施工参数的情况。

4. 冲洗

当喷射注浆提升到预定设计高程后，该孔灌浆即告结束，提升高喷管，应及时把泥浆泵、注浆管、管路等机具用清水冲洗干净，不得存有残留水泥浆。具体做法是：把浆液换成水，在地面上喷射，以便把泥浆泵、注浆管、软管内的浆液全部排出。

5. 回灌封孔

为了确保高喷灌浆防渗墙或加固体的质量，消除灌浆后加固体顶部由于浆液析水出现的凹陷，喷射灌浆后，应及时用稠水泥浆进行回灌，直至孔内液面不下降为止。最后按设计要求将喷射孔封好。

五、喷射灌浆工艺

(一) 深孔喷射

从当前施工情况来看，高喷灌浆施工地层主要是第四纪冲积层。由于天然地基的地层土质情况沿着深度变化较大，土质种类、密实程度、地下水状态等一般都有明显的差异。在这种情况下，喷射灌浆施工深度较深时，若只采用单一的固定喷射参数，势必形成加固体尺寸上下不一，将严重影响加固体的承载能力或抗渗作用。因此，对深孔高喷，应按地质剖面图及地下水等资料，在不同深度，针对不同地层土质情况，选用合适的喷射参数，才能获得均匀密实的加固体。

在一般情况下，对深层硬土，可采用增加喷射压力和流量或适当降低旋转（摆动）和提升速度等方法。

当采用三管法（CJP工法）喷射灌浆时，浆压一般为 $60\sim80\text{N}/\text{cm}^2$，这对较浅地层的高喷灌浆防渗工程，可以认为是合适的。但对较深层工程，喷灌出口处的浆压力，必须大于该处土层的静压力，才能使水泥浆充填压满高压射流冲切造成的空隙或松散土体。尽管水泥浆是靠喷射水气流的卷吸作用进入切割范围的，但是，使浆压大于喷射嘴处的土柱压力是必要的。因此，机口压力 p 应按式（6-40）计算。

$$p = m\gamma_\pm H \tag{6-40}$$

式中 m——大于1的系数,考虑出机口后的压力损失,并加上一定的安全度;

$\gamma_\pm$——喷射地层土的平均密度,t/m³;

H——喷灌深度,m。

(二) 重复喷射

根据喷射机理可知,在不同的介质环境中有效喷射强度差别很大。对土体进行第一次喷射时,喷射流冲击对象为破坏原状结构土。若在原位进行第二次喷射(即重复喷射),则喷射流冲击破坏对象业已改变,成为浆土混合液体。冲击破坏所遇到的阻力较第一次喷射时小,因此在一般情况下,有增加固结体尺寸和提高喷射质量的效果,增大的数值主要随土质密度而变。重复喷射,一般第一次只用高压水喷射,第二次喷射时再加入高压(或低压)水泥浆。

一般来说,重复喷射有增径效果,由于增径率难以控制和影响施工速度,因此在实际应用中不把它作为增径的主要措施。通常在发现浆液喷射不足以影响固结质量时或工程要求较大的直径时才进行重复灌浆。

(三) 摆喷

摆喷是指高压喷射灌浆过程中,工作管水平转动造成喷嘴左右摆动成一定角度的喷射。当工作管和喷嘴只垂直向上提升而不做摆动时,高压射流的作用局限于喷射轴线平面两侧较狭窄的范围(俗称定喷)。如果地层内含有超过这一宽度的大颗粒,由于射流的压强既不足以穿透或击碎这些颗粒,又不能推动它,此时采用的办法就是适当摆动喷嘴,使射流冲开大颗粒周围的细颗粒,"掏空"大颗粒,从而使它松动、位移,并使灌入的水泥浆产生裹袱作用,达到防渗的目的。

在做深孔摆喷时,喷射管要有足够的刚度,以防下部喷嘴处的摆角小于上面确定的摆喷角度,造成摆喷加固体达不到设计要求。摆喷角度的大小,根据要求喷射墙的厚度和地层中粗颗粒的大小而定,如珠海电厂循环水泵房,在开山抛石填海地层高喷灌浆防渗中,采用了旋摆连接高喷防渗墙,孔距为1.2m,第一序孔为旋喷,第二序孔为摆喷。在块石粒径小于50cm的地层,摆角采用45°,在块石粒径大于50cm的地层,摆角采用90°,高喷墙防渗效果良好。

由于粗颗粒的直径、分布都不规则,很难建立颗粒大小和摆角的函数关系,但在同一喷射距离,则摆角愈大,其作用范围愈大。定性上可以认为,粗颗粒直径愈大,含量愈多,则应采用愈大的摆角;细颗粒地层盲目加大摆角是毫无必要的,结果只是增加水泥用量,造成浪费。有人给出下面摆角和喷射作用宽度的关系(未计入射流扩散原因),见表6-26。

表 6-26　　　　　　　　　　接 角 与 宽 度 表

摆角/(°)	喷射作用宽度/cm			
	φ108mm 喷管出口处	φ127mm 喷管出口处	喷射距离 0.5m 处	喷射距离 1m 处
5	0.5	0.6	4.4	8.7
10	0.9	1.1	8.7	17.4
15	1.4	1.6	13.0	26.1

续表

摆角/(°)	喷射作用宽度/cm			
	φ108mm 喷管出口处	φ127mm 喷管出口处	喷射距离 0.5m 处	喷射距离 1m 处
20	1.9	2.2	17.4	34.7
25	2.3	2.7	21.6	43.2
30	2.8	3.3	25.9	51.8

部分工程实例说明，当粗颗粒直径在 10cm 左右时，采用 20°摆角，当直径大于 10cm 时，采用 30°摆角，均能取得较好的防渗效果。但在黏土或湿陷性黄土进行高喷灌浆防渗，不宜采用摆喷工艺。因摆喷在喷嘴处形成的板墙很薄，一般为 10cm 左右，如在此处夹有没被粉碎的土块，就会形成薄弱环节，很容易被水击穿形成漏水通道。

另外，利用不同数量、不同夹角的喷嘴喷头进行摆喷，可形成不同形状的加固体，用于不同的防渗或加固目的。如利用单喷嘴进行小于 180°的摆动喷射，可形成扇形加固体，如图 6-41 (a) 所示，常用于堵漏和桩间止水。利用夹角 90°两喷嘴喷头进行 90°的摆动喷射，可形成半圆形加固体，如图 6-41 (b) 所示，常用于防渗、桩间止水和既有建筑物加固。利用夹角 180°两喷嘴喷头进行摆角大于 180°的摆动喷射，可形成椭圆形加固体，如图 6-41 (c) 所示，由于长轴比短轴长约 30～50cm，所以宜做高喷防渗墙。

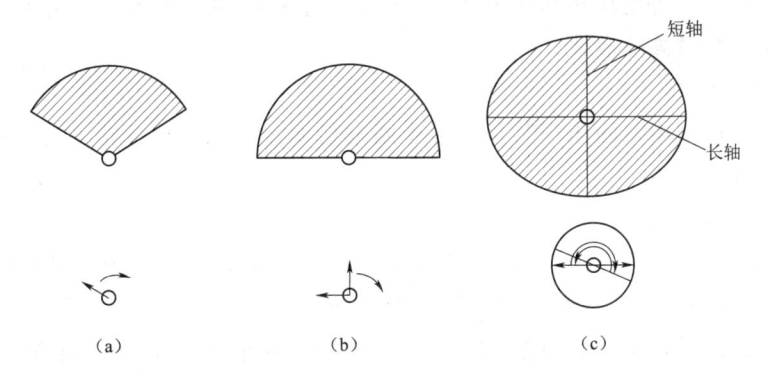

图 6-41　不同数量、不同夹角喷嘴喷头摆喷形成的加固体
(a) 单喷嘴扇形喷；(b) 夹角 90°两喷嘴半圆形喷射；(c) 水平两喷嘴椭圆形喷射

(四) 特殊情况处理

1. 冒浆

在第四纪覆盖层进行高喷过程中，往往有一定数量的土粒，随着一部分浆液沿着注浆管管壁空隙冒出地面。通过对冒浆的观察，可以及时了解土层状况、喷射灌浆的大致效果和喷射参数的合理性等。根据经验，冒浆（内有土粒、水及浆液）量小于注浆量 20%者为正常现象，超过 20%时，应查明原因并采取相应措施。当采用国外高喷灌浆设备和工艺时，冒浆量应小于 10%，回浆比重小于 1.30。

冒浆过大的主要原因，一般是有效喷射范围与注浆量不相适应，注浆量大大超过喷射范围充填所需的浆量所致。

常用减少冒浆量的措施有以下三种：

(1) 提高喷射压力，减少进浆量。

(2) 当采用单管或两管喷射时，可适当缩小喷嘴的孔径。

(3) 加快提升和旋摆速度。

对于冒出地面的浆液，如能迅速地进行过滤、沉淀、除去杂质和调整浓度后，可予以回收再利用。但回收再利用的浆液中难免有砂粒，故常用于老三管喷射灌浆法，如果要利用冒浆，应将过滤后的冒浆与水泥浆拌和达到设计要求后方可使用。

2. 孔口不返浆

孔口不返浆时，应立即停止提升，查明原因，采取相应处理措施。当高坝砂卵石地基作高喷防渗灌浆时，由于钻孔较深，浆液不能返出坝地面，但浆面能够稳定维持在钻孔上部某一位置时，仍可以继续提升喷射灌浆。高喷灌浆结束后，应往孔内继续注浆，直至注满孔，浆面不再下沉为止。

当孔口不返浆，而且孔内浆面不能稳定时，可采用以下措施，如降低喷射压力、提高浆液稠度、增加注浆量、进行原位注浆（即不提升）、在浆中掺入速凝剂、向孔内充填砂、砾料或土等堵漏材料。当孔内浆液返出孔口，或能稳定在钻孔上部某一高度时，方可提升继续喷射灌浆。

3. 串浆处理

在灌浆过程中，若发现相邻孔串浆，应填堵被串孔，待串浆孔高喷灌浆结束，应尽快对被串孔进行扫孔及高喷灌浆。

4. 因故喷射中断

在高喷灌浆过程中，因出现某种故障中断喷射而重新复喷时，应有足够的搭接长度，一般应不小于50cm。

（五）喷射灌浆操作要点

(1) 高喷灌浆前应检查高压设备和管路系统，其压力和流量必须满足设计要求。灌浆管内和喷嘴内不得有任何杂物，软管接头的密封必须良好。

(2) 垂直施工时，钻孔偏斜率，30m以上的深孔不得大于0.5%，孔深小于30m的浅孔不大于1%。

(3) 在插管和高喷过程中，要注意防止喷嘴被堵。水、气和浆的压力和流量必须符合设计要求，否则要将喷管拔出清洗，进行调整后，再行插管和高喷作业。使用双喷嘴时喷嘴直径、精度必须一样，在喷射灌浆施工中，若发现一个喷嘴被堵，则可重新下管再复灌一次，以防形成的加固体不对称。

(4) 喷管的旋转和提升必须连续不中断地进行。在拆卸或安装浆管时动作要快捷，继续高喷作业时，应使两次喷射固结体的搭接长度不小于20cm。

(5) 深层高喷作业时，应先喷浆后旋转或提升，以免浆管被折断。

(6) 搅拌水泥时，不得随意更改水灰比，在储存、输送和喷射过程中应防止水泥沉淀。禁止使用受潮或过期的水泥。

(7) 高喷作业时，要做好压力、流量和冒浆量的量测工作，按要求做好各项记录。

第七章 隧洞掘进机施工技术

第一节 隧洞掘进机施工概述

传统的隧洞施工方法是钻爆法施工,由于钻爆法施工存在劳动强度大、作业条件差、生产效率低、施工安全难以保证等缺点,业内人士在改进、完善钻爆法施工的同时,也在探索、尝试新的隧洞掘进机的施工方法。

一、盾构机的发展历程

盾构隧道掘进机,简称盾构机。盾构机是一个圆柱体的钢组件,沿隧洞轴线边向前推进边对土壤进行挖掘。该圆柱体组件的壳体即护盾,它对挖掘出的还未衬砌的隧洞段起着临时支撑的作用,承受周围土层的压力,有时还承受地下水压以及将地下水挡在外面。挖掘、排土、衬砌等作业在护盾的掩护下进行。

盾构施工技术自1825年由布鲁诺尔首创于英国伦敦泰晤士河的水底隧道工程以来,已有180余年的历史。

19世纪末到20世纪中叶,盾构法相继传入美国、德国、苏联、法国、英国及中国,并得到大力的发展。1880—1890年,在美国和加拿大之间的圣克莱河下用盾构法建成一条直径6.4m、长1800余m的水底铁路隧道。苏联20世纪40年代初开始使用直径6.0～9.5m的盾构,并先后在莫斯科、圣彼得堡等市修建地铁工程。1994年建成的英吉利海峡隧道,由3条组成,总长度153km,是目前世界上最长的海底隧道,全部采用盾构法施工,共用11台直径5.38～8.72m不等的盾构机。

1939年日本首次引进盾构施工技术并且施工了关门隧道。从20世纪60年代起,盾构法在日本得到迅速发展,并处于世界领先地位;80年代以来,无论是新型盾构工法的开发(如三圆、椭圆形、矩形、球体、母子盾构、地中对接技术等),还是盾构机的制作数量、建造的隧道长度、承包的海外工程、有关盾构法的文献数量等均名列前茅。

我国自20世纪50年代开始应用盾构机施工,60年代用网格盾构建造了直径10.22m的上海打浦路过江隧道,1988年建成了直径11.3m的上海延安东路过江隧道。2004年,我国成功研制出"先行号"加泥式土压平衡盾构掘进机,2009年又研制并成功应用了直径11.22m的"进越号"大型泥水平衡盾构机。2006年施工的上海沪崇越江隧道,全长8950m,采用直径15.44m泥水加气平衡盾构(德国海瑞克),为当时世界上直径最大的盾构掘进机。2008年施工的武汉长江隧道,全长3630m,采用了两台直径11.38m泥水加压平衡盾构和复合式刀具,实现了长距离不换刀掘进。南京首条过江隧道,仍采用海瑞克公司的直径14.93m泥水平衡盾构机施工,于2009年贯通。

在南水北调工程,上海、北京等城市地铁工程,杭州钱塘江水底隧道工程和港珠澳海上大通道等工程建设中,盾构法正以其独特的优越性发挥着不可替代的作用。

二、TBM 掘进机的发展历程

TBM（tunnel boring machine fullface）隧洞掘进机是一种用刀具切割岩层、开挖隧洞的多功能施工机械，能同时联合完成工作面的开挖和装渣作业，且能全断面连续推进。它由切割岩层的刀盘工作机构、斗轮式装渣机构、液力支撑和推进机构、连续转载机构和动力传动机构等组成。这些机构利用支撑液压缸能相对升降。

1846 年意大利的 Henry Joseph Maus 为进行穿越阿尔卑斯山 Genis 隧道的施工，设计了世界上第一台硬岩 TBM 的原型样机。其破岩机理是采用凿岩钢钎破岩。1849 年该机制造完成，因隧道推迟开工而未付诸使用。

1851 年，美国的 Charles Wilson 为进行 Hoosac 隧道施工，设计了将圆锥刀盘安装在悬臂上的旋转式 TBM。由于存在难以克服的滚刀等问题，试验没有取得成功。

在此后的一个世纪内，TBM 的研制处于长期停滞状态。

TBM 的再次问世是在 100 年后的 1953 年。美国 Robbins 公司的首任经理 James Robbins 制造了内、外圈对转式刀具（刮、滚刀兼备）的 TBM（910-101 型）。刀盘直径 8.0m，整机长 27.4m。内、外圈刀盘分别由 2 台 149kW 电机驱动。该台 TBM 成功地完成了 Oahe 水坝 4 条排水隧洞的开挖。日进尺达 49m。但该隧洞地层为软弱页岩，转用于芝加哥强度达 124~183MPa 坚硬岩层的下水道施工时，终因机械的坚固性和刀具的磨损等问题而未获成功。

1956 年，世界第一台硬岩 TBM 在美国 Robbins 公司问世。

为进行加拿大多伦多 Humber River 下水道隧洞工程的施工，Robbins 制造了一台真正用于硬岩隧洞工程施工的 TBM（131-106 型）。该隧洞穿越的地层为砂岩、页岩、石英质石灰岩。岩石抗压强度 55~186MPa。经改进后，该台 TBM 成功、顺利地掘进了 4510m。

全断面岩石隧道掘进机在我国应用始于 20 世纪 60 年代。1966 年我国生产出第一台直径 3.4m 的掘进机；70 年代试制出 SJ55、SJ58、SJ64、EJ30 等掘进机；80 年代进入实用性阶段，研制出 SJ58A、EJ50 等多种机型，应用于河北引滦水利工程、青岛引黄水利工程、山西古交煤矿工程等，并开始从国外引进二手掘进机用于国内施工；到 90 年代，随着我国大型水利、交通隧道工程的出现，开始从欧美引进大型的先进掘进机和管理方法，如秦岭 I 线铁路隧道，全长 18.46km，首次采用世界先进的 WirthTB880E 型（德国产）敞开式硬岩掘进机，掘进 ϕ8.8m，取得单头月进尺 528m 的好成绩。

三、盾构机与 TBM 的区别

笼统的来说，盾构机与 TBM 都是一样的，都是隧道全断面掘进。但在造词之初，它们是不一样的，严格来说，它们之间存在以下不同点：

（1）适用的工程不一样，TBM 适用于硬岩掘进的隧道掘进机，盾构机指的是适于在软岩、土中的隧道掘进机。

（2）两者的掘进、平衡、支护系统都不一样。

（3）TBM 比盾构技术更先进，更复杂。

（4）工作的环境也不一样，TBM 是硬岩掘进机，一般用在山岭隧道或大型引水工程，盾构机是软土类掘进机，主要用在城市地铁及小型管道敷设工程。

四、隧洞掘进机的发展趋势

现在的掘进机几乎全是针对具体项目规范和地质条件而量身定做。从目前的发展趋势来看，掘进机可能走向两极化：①造价低廉、功能单一，适用于单一地质条件的掘进机；②造价昂贵，适用于复杂地质的多功能掘进机。材料科学的发展将能够制造功能更强、缺陷更少的切割刀具，使得机器可以运行数百公里而无须停顿更换刀具。

从隧洞衬砌方面，目前与 TBM 掘进技术（仅对盾构掘进机）相配套的主要是预制混凝土管片衬砌技术，这是目前在隧洞需要加强支护条件下保证掘进机快速掘进的主要手段。但是，管片支护中存在接缝多，错台大等问题，虽然通过增加导向杆、连接销等辅助件，能在很大程度上限制错台，但接缝问题很难从根本上得到解决。将来除了在解决接缝问题上想办法外，还可以从挤压混凝土技术上有所突破，也就是在混凝土中掺入钢纤维，采用泵送混凝土的办法，将钢纤维混凝土直接送到围岩与模板之间，从而将隧洞掘进技术与现浇混凝土技术相结合，最终从根本上解决管片接缝问题。

从安全方面，应该很快可以实现机器的地面控制，从而避免了各种为保证隧道内人员安全而采取的昂贵措施。这在一些小型隧道工程上已经实现。

第二节 全断面掘进机施工技术

掘进机又称全断面岩石掘进机，简称掘进机。它利用机械破碎岩石的原理，完成开挖、出渣、衬砌联合作业，连续不断地进行掘进。

一、掘进机的基本结构及工作原理

全断面隧洞掘进机，可按用户不同的要求，针对不同的地质条件设计为不同形式及断面尺寸的掘进机。它是按不同断面尺寸选择对应刀具，将刀具布置在切割机构（刀盘）上，通过刀具的公转与自转破碎岩石，并实现装渣、出渣、支护、衬砌、回填灌浆等工序的平行连续流水作业的综合机械设备。其施工工艺如图 7-1 所示。

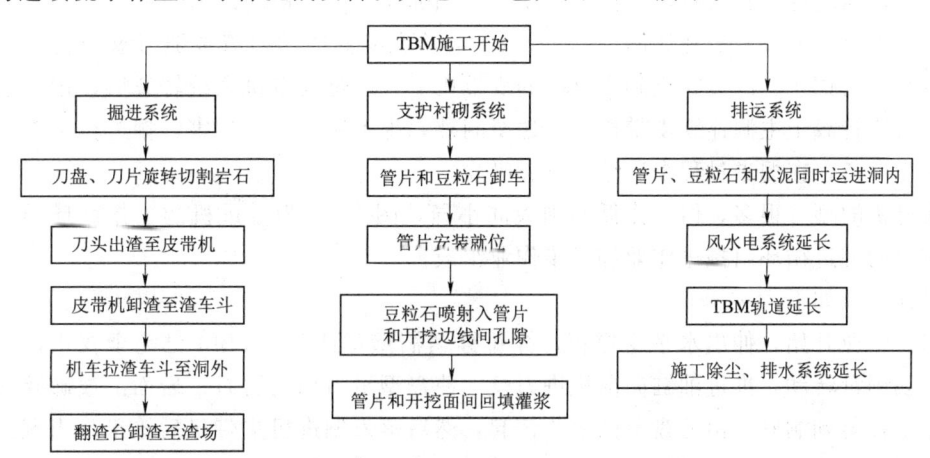

图 7-1 TBM 施工工艺图

（一）基本结构

掘进机由主机和配套系统两大部分组成。主机用于破岩、装载、转载；配套系统用于出渣、支护、衬砌、回填、灌浆等。

主机由切割机构（刀盘）、传动系统、支撑和掘进机构、机架、出渣运输机构和操作室组成。

配套系统主要包括运渣运料系统、支护装置、激光导向系统、供电系统、安全装置、供水系统、通风防尘系统、排水系统和注浆系统等。

（二）基本工作原理

根据破碎岩石的基本工作原理，掘进机可分为滚压式和切削式两类：

(1) 滚压式，主要靠机械推动力，使装在刀盘上的滚刀旋转和顶推，用挤压和切割的联合作用破碎岩体。

(2) 切削式，借助于安装在刀盘上若干个削刀的剪切作用破碎岩石。

现以 Robbins 公司 MK 双支撑式掘进机为例，说明其构造与工作情况，如图 7-2 所示。

掘进机由刀盘、导向壳体、传动系统、主梁、推进油缸、水平支撑装置、后支撑及出渣皮带机等组成。

掘进机的核心部分是主机系统，主机系统主要由带刀具的刀盘、刀盘驱动和推进系统组成。主机刀盘上安装有一定数量的盘形滚刀，当刀盘旋转时，盘形滚刀划出的痕迹是以刀盘中心为圆心的、间距均匀的同心圆切槽。在掘进时，支撑系统把主机架牢固地锁定在开挖的隧道洞壁上，承受刀盘扭矩和推进力的反力。推进油缸以支撑系统为支点，把推力施加给主机架和刀盘，推动刀盘破岩掘进。在推力作用下，安装在刀盘上的盘形滚刀紧压岩面，随着刀盘的旋转，盘形滚刀绕刀盘中心轴公转，并绕自身轴线自转。硬岩掘进机的刀具组成目前是单刃盘形刀具，在刀盘强大的推力、扭矩作用下，滚刀在掌子面固定同心圆切缝上滚动，当推力超过岩石的强度时，盘形刀下的岩石直接破碎，盘形刀贯入岩石，掌子面被盘形滚刀挤压碎裂而形成多道同心圆沟槽。随着沟槽深度的增加，岩体表面裂纹加深扩大，当超过岩石的剪切和拉伸强度时，相邻同心圆沟槽间的岩石成片剥落，此为破岩原理。盘形滚刀破岩机理如图 7-3 所示。崩落在隧洞底的岩渣被随刀盘旋转的均匀分布在刀盘上的铲斗、刮板收集到主机内的皮带机上，通过皮带机系统转载后，运送至后配套，将石渣转载于主洞连续皮带机上，送至洞外，为了避免粉尘危害，掘进机头部装有喷水及吸尘设备，在掘进过程中连续喷水、吸尘。

掘进机的型号很多，但工作循环则大同小异，图 7-4 为掘进机的工作循环图。全断面掘进机的掘进循环由掘进作业和换步作业组成。

具体步骤如下：

(1) 作业开始，伸出水平支撑板，撑靴撑紧洞壁；此时，TBM 已完全找正，后支撑收起，切削盘转动，推进油缸向前推进刀盘，使盘型滚刀切入岩石；岩面上被破碎的岩渣靠自重下掉落到洞底，由刀盘上的铲斗铲起，然后落入掘进机皮带机后输出；当掘进油缸将掘进机头、主梁、后支撑向前推进一个行程时，掘进机停止作业，掘进机开始换步。

(2) 换步作业，掘进行程终了，准备换步，此时，切削盘停止转动，刀盘停止回转，伸出后支撑，撑紧洞壁；收缩水平支撑，使支撑靴板离开洞壁；收缩推进油缸，将水平支撑向前移一个行程。

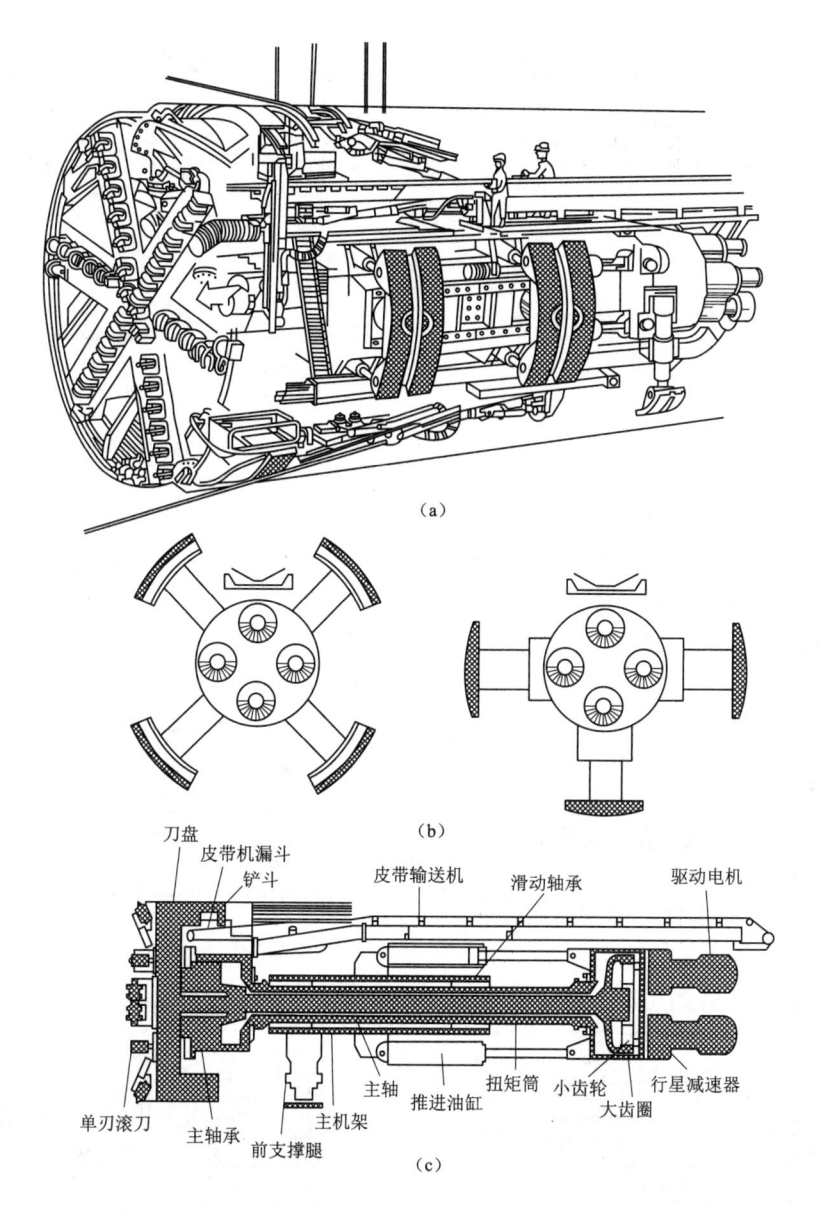

图 7-2　罗宾斯 MK 双支撑式掘进机

(a) 罗宾斯 MK 型双支撑式掘进机（外形）；(b) 罗宾斯 MK 型双支撑式掘进机的支撑结构
（双水平支撑型和双 X 型）；(c) 罗宾斯 MK 型双支撑式掘进机（结构简图）

(3) 准备再掘进，再伸出水平支撑，与围岩接触撑紧洞壁；收起后支撑，切削盘转动，推进油缸向前推进刀盘，新的掘进行程开始了。

二、TBM 的分类

TBM 掘进技术经过近半个世纪的发展完善，目前已臻成熟。掘进机的型式按不

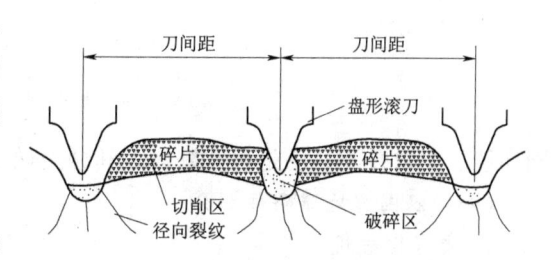

图 7-3　盘形滚刀破岩机理图

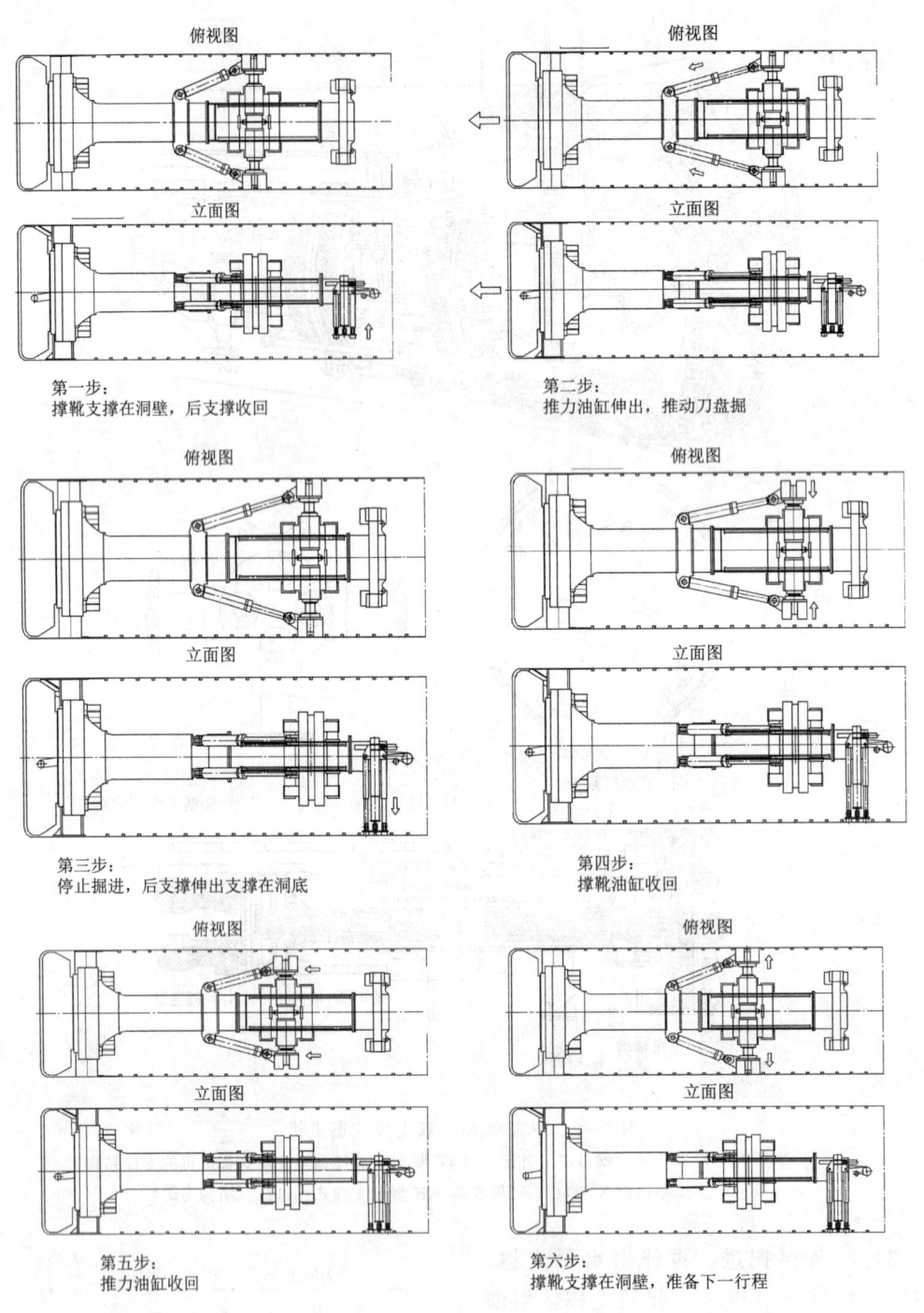

第一步：
撑靴支撑在洞壁，后支撑收回

第二步：
推力油缸伸出，推动刀盘掘进

第三步：
停止掘进，后支撑伸出支撑在洞底

第四步：
撑靴油缸收回

第五步：
推力油缸收回

第六步：
撑靴支撑在洞壁，准备下一行程

图 7-4 TBM 掘进机工作循环图

同功能、要求分类，已是种类繁多，其分类如下：

(一) 以围岩地质条件划分

1. 硬岩掘进机

硬岩掘进机也称为开敞式掘进机，掘进机的各种设备直接暴露在围岩当中。横向支撑作用于围岩上,岩壁提供前进的支撑力,依靠滚刀的滚压来破碎岩石。适用于比较完整的岩石。

2. 软岩掘进机

软岩掘进机适用于松软及含水地层,整个机器设备处在坚固的钢筒(护盾)和衬砌内。盾构机则是典型的软岩掘进机。

3. 复合掘进机

由于长隧洞岩层地质条件比较复杂,要求掘进机既适合软岩,又适合硬岩,典型的就是双护盾掘进机。

(二)以护盾型式划分

按护盾型式划分,掘进机可分为:开敞式掘进机、单护盾掘进机、双护盾掘进机、多护盾掘进机、盾构掘进机。

(三)以掘进机直径大小划分

按掘进机直径大小划分,掘进机分为:微型掘进机(0.3～1.0m)、小型掘进机(1.0～3.0m)、中型掘进机(3.0～8.0m)、大型掘进机(＞8.0m)。

(四)以开挖断面形状划分

按开挖断面形状划分,掘进机可分为:单圆形断面的掘进机、双圆形断面的掘进机、多圆形断面的掘进机、不规则断面的掘进机。

(五)以隧洞底坡坡度划分

按隧洞底坡坡度划分,掘进机分为:平洞掘进机、竖井掘进机、斜井掘进机。

三、TBM 的优缺点

(一)掘进机优点

(1)快速。掘进机可以实施连续掘进,能同时完成破岩、出渣、支护(衬砌)等作业,对围岩的适应性强,在抗压强度 5～300MPa 的岩体中掘进速度比钻爆法快 50% 左右。

(2)优质。掘进机实施机械破岩,避免了爆破作业,成洞周围岩层不受爆破震动而破坏,洞壁完整光滑,开挖后糙率仅为 $n=0.0151～0.0176$,而钻爆法 $n=0.333$;超挖量小,一般小于开挖断面积的 5%,而钻爆法常大于 20%。分析表明,与钻爆法相比,由于糙率小,水头损失也小,过水断面可减少 30% 左右;超挖量小,可节省支护衬砌量 50% 左右。

(3)经济。掘进机施工长隧洞,减少了用钻爆法进行长洞开挖所需的支洞、相应的各种临时建筑设施、交通道路、风、水、电设施等投资;由于超挖量小,可节省大量衬砌费用;掘进机施工速度快,缩短了工期,极大地提高了经济效益和社会效益。

(4)安全。由于掘进机开挖与衬砌完全在 40mm 厚的钢护盾内进行,杜绝了围岩掉块、塌方引起的安全事故,避免了爆破施工可能造成的人员伤亡,事故大大减少。对围岩扰动小,抑制了岩爆。

(5)改善劳动条件。掘进机采用电力驱动,无爆破后的烟尘废气,而且掘进机自身具有完善的通风除尘系统,解决了长隧洞施工通风的困难问题。工作区环境良好,对人体健康影响小,改善了劳动条件,减轻了体力劳动量。

(二) 掘进机的缺点

(1) 设备较贵,初期投资大。当洞长较短时,采用掘进机施工并不经济。根据美国和挪威等国的实践经验表明,长度大于直径600倍的长隧洞使用掘进机比较经济。

例如,美国路易斯水工隧洞,洞径2.4m,在相同施工条件下掘进机的施工费用约为钻爆法的88%,而设备费用却为钻爆法的3~4倍左右。

(2) 不适于变洞径施工。掘进机直径目前可由1.2m到12m,对于一定的掘进机设备,其洞径变化不能大于±10%。

(3) 要求隧洞转弯半径大。因为整套掘进机机身较长,一般为16~20m,加之机后联接的辅助设备限制了转弯半径不能小于150~450m。

(4) 不适于地质条件复杂,变化大的岩层。有大规模岩溶、涌水、断层等,掘进机难以发挥其优势;坚硬多节理的岩体对掘进机工作不利,速度减慢,刀具磨损严重。

(5) 运输及维修工作复杂。掘进机设备大、长、重,运输安装要有大型设备配合,刀具更换、电缆延伸、机器调整等辅助工作占时较长,机械的使用率只有50%左右,而且一旦机器发生故障,就会影响全部工程施工。

四、TBM掘进机施工

掘进机的基本施工工艺是刀盘旋转破碎岩石,岩渣由刀盘上的铲斗运至掘进机的上方,靠自重下落至溜渣槽,进入机头内的运渣胶带机,然后由带式输送机转载到矿车内,利用电机车拉到洞外卸载。掘进机在推力的作用下向前推进,每掘进一个行程便根据情况对围岩进行支护。整个掘进工艺如图7-5所示。

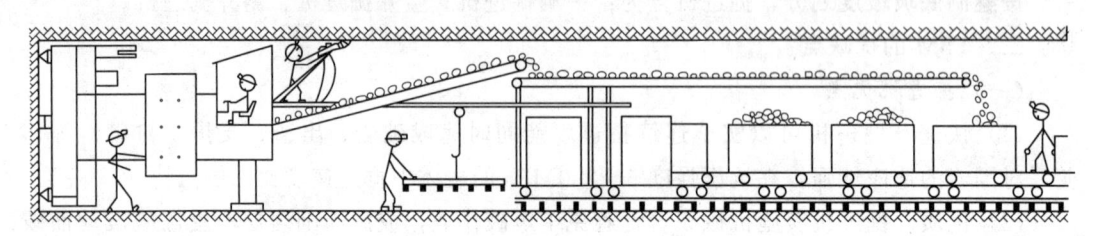

图7-5 全断面岩石掘进机工作示意图

(一) 施工准备

(1) 建成场内主要交通道路,平整掘进机的组装场,修建检修间。

(2) 掘进机运输和组装。因掘进机重达数百吨,需拆开运输,一般采用大型拖车可满足大件运输要求。每组装一台掘进机大约需30~60d。

(3) 准备掘进机工作面。通常要用钻爆法开挖洞口,并向前开挖一段隧洞,开挖出的这段隧洞长度要大于掘进机刀盘到支撑板后缘的距离。修平掌子面,并将隧洞边墙和底板衬砌好,以支撑掘进机的支撑板。若洞口有条件浇筑相同长度的混凝土导墙时,可以不开挖这段隧洞。

(4) 建立风、水、电系统。

1) 供水。设备冷却水一般要求水压在0.15~0.2MPa,刀盘要求高压喷水0.6~1.0MPa。耗水量按机械性能或按单位时间最大破岩体积的10%~20%估计。

2) 供电。掘进机本身附有变压器,供应主机、出渣带式输送机、排水泵、除尘等辅助设备动力，以及作业区的照明用电。主机的供电电压一般为 6kV。其他供电与一般隧洞施工方法相同。

3) 通风除尘。通风可采用吸出式、压入式或混合式。

掘进机刀盘上开挖产生的粉尘主要靠喷水，使掌子面粉尘湿润沉降。另外利用橡胶密封的挡尘板，将工作面与人的活动区域分开，减少粉尘浓度，并采取通风使空气中有害物质的浓度降低至允许范围。

通风量按下式计算：

$$Q_0 = Av \tag{7-1}$$

式中　Q_0——通风量，m^3；

　　　A——隧洞断面面积，m^2；

　　　v——排尘风速，0.5~1.0m/s。

采用压入式通风方式时，风量应大于负压通风量的 20%。

(5) 筹建混凝土管片预制厂（仅对盾构掘进机）。需要适当选择靠洞口附近布置管片预制厂，内设混凝土拌和厂、水泥库、钢筋加工厂、空压站、锅炉房和蒸汽养护室等。

(二) 掘进作业

掘进作业分为掘进机始发、正常掘进和到达掘进三个阶段。

1. 掘进机始发

掘进机空载调试运转正常后开始掘进机始发施工，开始推进时通过控制推进油缸行程，使掘进机沿始发台向前推进，因此始发台必须固定牢靠、位置正确。刀盘抵达工作面开始转动刀盘，直至将岩面切削平整后开始正常掘进。在始发掘进时，应以低速度、低推力进行试掘进，了解设备对岩性的适应性，对刚组装调试好的设备进行试机作业。在始发磨合期，要加强掘进参数的控制，逐渐加大推力。

推进速度要保持相对平稳，控制好每次的纠偏量。灌浆量要根据围岩情况、推进速度、出渣量等及时调整。始发操作中，司机需逐步掌握操作的规律性，班组作业人员逐步掌握掘进机作业工序，在掌握掘进机的作业规律性后，再加大掘进机的有关参数。

始发时要加强测量工作，把掘进机的姿态控制在一定的范围内，通过管片、仰拱块的铺设、掘进机本身的调整来达到姿态的控制。

掘进机始发进入起始段施工，一般根据掘进机的长度、现场及地层条件将起始段定为 50~100m。起始段掘进是掌握、了解掘进机性能及施工规律的过程。

2. 正常掘进

掘进机正常掘进的工作模式一般有自动扭矩控制、自动推力控制和手动控制模式三种，应根据地质情况合理选用。在均质硬岩条件下选择自动控制推力模式；在节理发育或软弱围岩条件下，选择自动控制扭矩模式；掌子面围岩软硬不均，如果不能判定围岩状态，选择手动控制模式。

掘进机推进时的掘进速度及推力应根据地质情况确定，在破碎地段严格控制出渣量，使之与掘进速度相匹配，避免出现掌子面前方大范围坍塌。

掘进过程中，观察各仪表显示是否正常；检查风、水、电、润滑系统、液压系统的供给是否正常；检查气体报警系统是否处于工作状态和气体浓度是否超限。

施工过程中要进行实际地质的描述记录、相应地段岩石物理特性的实验记录、掘进参数和掘进速度的记录并加以图表化，以便根据不同地质状况选择和及时调整掘进参数，减少刀具过大的冲击荷载。硬岩情况下选择刀盘高速旋转掘进，推进速度一般为额定值的75％左右。节理发育的软岩状况下作业，掘进推力较小，采用自动扭矩控制模式时要密切观察扭矩变化和整个设备振动的变化，当变化幅度较大时，应减少刀盘推力，保持一定合适的贯入度，并时刻观察石渣的变化，尽最大可能减少刀具漏油及轴承的损坏。节理发育且硬度变化较大的围岩状况时，推进速度控制在30％以下。节理较发育、裂隙较多，或存在破碎带、断层等地质情况下作业，以自动扭矩控制模式为主选择和调整掘进参数，同时应密切观察扭矩变化、电流变化及推进力值和围岩状况，控制扭矩变化范围在10％以下，降低推进速度，控制贯入度指标。在硬岩情况下，刀盘转速一般为6r/min左右，进入软弱围岩过渡段后期时调整为3~6r/min，完全进入软弱围岩时维持在2r/min左右。

在掘进过程中发现贯入度和扭矩增加时，适时降低推力，对贯入度有所控制，这样才能保持均衡的生产效率，减少刀具的消耗。硬岩时，贯入度一般为9~12mm，软弱围岩一般为3~6mm。扭矩在硬岩情况下一般为额定值的50％，软弱围岩时为80％左右。

在软弱围岩条件下的掘进，应特别注意支撑靴的位置和压力变化。撑靴位置不好，会造成打滑、停机，直接影响掘进方向的准确，如果由于机型条件限制而无法调整撑靴位置时，应对该位置进行预加固处理。此外，撑靴刚撑到洞壁时极易塌陷，应观察仪表盘上撑靴压力值下降速度，注意及时补压、防止发生打滑。硬岩时，支撑力一般为额定值，软弱围岩中为最低限定值。

掘进机推进过程中必须严格控制推进轴线，使掘进机的运动轨迹在设计轴线允许偏差范围内。双护盾掘进机自转量应控制在设计允许值范围内，并随时调整。

掘进中要密切注意和严格控制掘进机的方向。掘进机方向控制包括两个方面：一是掘进机本身能够进行导向和纠偏，二是确保掘进方向的正确。导向功能包含方向的确定、方向的调整、偏转的调整。掘进机的位置采用激光导向系统确定，激光导向、调向油缸、纠偏油缸是导向、调向的基本装置。在每一循环作业前，操作司机应根据导向系统显示的主机位置数据进行调向作业。采用自动导向系统对掘进机姿态进行监测。定期进行人工测量，对自动导向系统进行复核。

当掘进机轴线偏离设计位置时，必须进行纠偏。掘进机开挖姿态与隧道设计中线及高程的偏差控制在±50mm内。实施掘进机纠偏不得损坏已安装的管片，并保证新一环管片的顺利拼装。

掘进机进入溶洞段施工时，利用掘进机的超前钻探，对机器前方的溶洞处理情况进行探测。每次钻探长度为20m，两次钻探间搭接2m。在探测到前方的溶洞都已经处理过后，再向前掘进。

3. 到达掘进

到达掘进是指掘进机到达贯通面之前50m范围内的掘进。掘进机到达终点前，要制订掘进机到达施工方案，做好技术交底，施工人员应明确掘进机适时的桩号及刀盘距贯通面的距离，并按确定的施工方案实施。

到达前必须做好以下工作：检查洞内的测量导线；在洞内拆卸时应检查掘进机拆卸段

支护情况；到达所需材料、工具；施工接收导台；做好到达前的其他工作，接收台检查、滑行轨的测量等，要加强变形监测，及时与操作司机沟通。

掘进机掘进至离贯通面100m时，必须做一次掘进机推进轴线的方向传递测量，以逐渐调整掘进机轴线，保证贯通误差在规定的范围内。到达掘进的最后20m要根据围岩情况确定合理的掘进参数，要求低速度、小推力和及时的支护或回填灌浆，并做好掘进姿态的预处理工作。

做好出洞场地、洞口段的加固，应保证洞内、洞外联络畅通。

五、不良地质征兆与预防

1. 不良地质征兆

不良地质主要如下：断层及破碎带塌方、涌水或突水、围岩不稳定结构体坍塌、片帮、岩爆、岩体蚀变等。

根据设计文件提供的地质资料，可以推断主要不良地质的位置。不良地质被揭露之前，往往表现出一些明显或不明显的前兆标志。这些标志的出现，预示着即将临近不良地质体。不良地质的前兆，是为TBM施工或进行超前地质预报提供的重要信息。因此，仔细观察、描述开挖石渣、洞壁结构面、岩层形态及特征参数，是正确进行TBM施工或超前地质预报的关键。

大伙房隧洞工程可能遇到的不良地质体的前兆标志如下：

（1）断层破碎带的前兆标志：节理裂隙组数及密度剧增、岩石强度降低、出现压裂岩、碎裂岩、岩石风化相对强烈、泥质含量增加等。

（2）突水、突泥的前兆标志：节理裂隙渗水量和组数增加、常常含有泥质物或浑浊等。

（3）岩爆的前兆标志："饼"状开挖石渣的数量增加、洞壁在短时间内出现"饼"状脱落体或出现"片帮"现象、轻微的岩石崩裂声、严重时洞壁出现飞石等。

2. TBM在断层破碎带施工的对策和措施

（1）进行超前地质预报。通过超前地质预报，确定：①掌子面前方断层的性质、特征、规模等情况；②特别是涌水量、洞内水与地表水的连通性；③岩体结构状况和次生软弱构造对施工和支护的影响程度等，以便采取相应的处理措施。

（2）进行超前预处理。超前预处理措施包括超前预灌浆、超前管棚、超前小导管注浆、超前锚杆、自进式锚杆等。

（3）TBM掘进措施。断层破碎带受构造影响严重，围岩破碎、稳定性极差。

在TBM掘进过程中，可能会出现塌方，且影响范围大、深度深，拱顶下沉量大，严重时很容易造成拱架失稳、变形。为此，TBM在断层破碎带掘进应注意的事项如下：

1）TBM掘进至断层破碎带时，由于掌子面附近的围岩破碎、松散，TBM刀盘应顶在掌子面上，暂不后退，更不能在无推进的状态下转动刀盘，进行掘进开挖和出渣；否则，会造成刀盘前部更大范围的坍塌，形成空穴；而一旦在刀盘前部形成空洞，处理起来困难更大，而且会延误工期。

2）采用人工喷射混凝土，及时封闭围岩。对不同围岩条件地段，及时调整喷射混凝土厚度。确保围岩变形受到控制和撑靴部位围岩不被撑垮。及时反馈现场监控量测成果。

如拱顶下沉仍得不到控制，应及时采取补喷混凝土或加密钢拱架等加强支护措施。

3）坍塌区用铁皮封堵，喷射混凝土封闭，及时快速灌注混凝土。对于护盾上部大范围的坍塌，在进行塌腔回填时，为减少等强时间、提高工效，在保证混凝土具有一定的流动性、以确保塌腔回填密实的前提下，可在混凝土中适量加入速凝剂。

4）钢拱架安装要确保竖直，间距符合要求，拧紧连接螺栓。隧洞清底要彻底，以保证钢拱架紧贴仰拱围岩。

5）如钢拱架受压变形，应及时用型钢加固，其连接要牢固，以有效控制拱架变形，稳定围岩，确保安全及主机顺利通过。

6）对围岩破碎区和渗水区，打入注浆锚杆，用浓度为 $35\sim40°Be^-$ 的水玻璃与水灰比为 $0.8\sim1.0$ 的水泥浆注浆，加固围岩。

(4) 断层带加固。在TBM通过断层带后，应尽快进行围岩加固。主要是沿洞周钻孔，对围岩进行固结灌浆。地下水丰富时，应加深、加密钻孔，扩大灌浆范围。

3. 地下涌水处理的对策和措施

(1) 渗漏水。

1）TBM在断层施工时，首先探明水文地质条件及围岩稳定条件；早预防，早准备，封闭地下水，固结围岩，再掘进；尽可能地减少涌水对施工造成灾难性的影响。

2）处理涌水主要有引排和封堵两种措施。掘进前，打超前勘探孔，测得钻孔出水量、水压、涌水桩号等；如水量不大，利用TBM配备的钻机打排水孔排水；在做好排水的情况下，TBM继续掘进；如水量较大，岩石破碎，不具备排水条件时，则要通过超前预注浆堵水处理后再掘进；否则，涌水可能导致掌子面及围岩的坍塌。

3）对于裂隙发育、涌水量大且含承压水层的破碎带：岩石的导水性及富水性较好，可采用排、堵相结合的措施；在特别破碎的Ⅴ类围岩洞段，除进行必要的排水外，还需要采取打超前小导管进行注浆封堵，对出护盾围岩进行钢拱架、锚杆、喷混凝土等综合加强支护措施，控制围岩变形及其发展。

(2) 承压水。

1）当预计TBM掘进掌子面前方有承压水，而且排放不会影响围岩稳定时，可采用超前钻孔排水。

2）当预计TBM掘进掌子面前方有高承压水危及施工安全时，则应采取超前预注浆进行封堵、加固处理。

4. 控制围岩变形防止坍塌的对策和措施

(1) 按先护顶后掘进的原则组织施工。

(2) 采用超前小导管注浆，加固掌子面前方围岩。

(3) 对出护盾的围岩，及时进行人工喷射混凝土，支立钢拱架，加强钢拱架间的纵向连接，以减少围岩的松弛变形。

(4) 采用高压注浆锚杆，管棚等加固围岩，改善支护结构受力条件，限制其过大的变形。

(5) TBM必须在初期支护具有一定强度后才能掘进。

(6) 施工过程中，应加强现场监控量测，及时进行信息反馈；及时分析、判断围岩及初期支护的稳定性；针对具体情况，提出相应的加强支护措施。如果变形过大，有超出预留的允许周边收敛位移量和侵占隧洞设计断面的趋势，应果断作出决策，采取封闭仰拱等措施，遏制塑性变形的持续发展。

5. 塌方处理的对策和措施

（1）如果隧洞施工中发生塌方：应及时、迅速、妥善地处理；处理前必须详细观察塌方范围、形状、地质构造；分析塌方发生的原因和地下水活动情况；制定塌方的处理方案。

（2）隧洞塌方后：视其与TBM的相对位置采取应对措施；一般先加固未塌方地段，防止塌方进一步扩大；同时加强排水工作。

（3）当塌方规模较小时：先将TBM刀盘顶住塌体；加固塌体两侧洞壁；尽快施作喷射混凝土或喷锚联合支护。

（4）当塌方规模较大，TBM刀盘被卡时：应采取先护后挖的原则；查清塌方体和塌腔的结构和规模；采用管棚或注浆加固、稳定围岩和渣体后，进行塌方或TBM脱困处理。

6. 岩爆处理的对策和措施

（1）改善围岩的物理性能。

1）水卸压法。在干燥的围岩表面上洒水，或用高压水冲洗隧洞拱顶、掌子面和侧壁，目的是增加岩石的湿度，降低表层围岩的强度，松弛岩体中积累的高构造应力。

2）超前钻孔卸压法。在可能发生岩爆掌子面的上方，钻数个孔径60～80mm、孔深10m的钻孔，释放岩体中的高构造应力，同时向岩体高压均匀注水。这种方法可以通过三方面的作用防治岩爆：①可以释放应变能，并将最大切向应力向围岩深部转移；②高压注水的楔劈作用可以软化、降低岩体的强度；③高压注水产生了新的张裂隙，使原有裂隙继续扩展，从而降低了岩体储存应变能的能力。

（2）改善围岩应力条件。采取超前钻孔应力解除等方法，使岩体应力降低。

（3）加固围岩。对不同程度的岩爆，采取不同的加固处理措施。

1）轻微岩爆，采用梅花形布孔打设锚杆加固，必要时局部挂网。

2）中等岩爆，采用浅孔密锚挂整体网喷混凝土加固措施。锚杆为梅花形布设，尾部加托板。整体网多采用长钢筋与锚杆纵横焊接，紧贴洞壁布置。喷射混凝土，必要时增设钢支撑。

3）强烈岩爆，常在掘进时发生，容易砸坏机件。

掌子面中部易出现爆塌坑。掌子面凸凹不平，致使滚刀损坏严重。爆落大小片石清除之后，顶拱尚有开裂危石。此类岩爆应及时采用钢拱架及上述综合加强支护措施防治。

第三节　盾构机施工技术

一、盾构工法

盾构工法是在土体中暗挖隧洞的一种施工方法，它使用盾构机在地下掘进，在防止软基开挖面崩塌或保持开挖面稳定的同时，在机内安全地进行隧洞的开挖和衬砌作业。其施工过程需先在隧洞某段的一端开挖竖井或基坑，将盾构机吊入安装，盾构机从竖井或基坑的墙壁开孔处开始掘进，并沿设计洞线推进直至到达洞线中的另一竖井或隧洞的端点。

盾构工法的选择，选择适合土质条件并确保工作面稳定的盾构机种及合理辅助工法最重要。所以，盾构机的选型原则是因地制宜，尽量提高机械化程度，减少对环境的影响。

盾构是盾构机的简称，全名叫盾构隧道掘进机，是一种隧道掘进的专用工程机械，它是一个横断面外形与隧道横断面外形相同，尺寸稍大，利用回旋刀具开挖，内藏排土机具，自身设有保护外壳用于暗挖隧道的机械。

二、盾构机的特点

用盾构机进行隧洞施工具有自动化程度高、节省人力、施工速度快、一次成洞、不受气候影响、开挖时可控制地面沉降、减少对地面建筑物的影响和在水下开挖时不影响水面交通等特点，在隧洞洞线较长、埋深较大的情况下，用盾构机施工更为经济合理。现代盾构掘进机集光、机、电、液、传感、信息技术于一体，具有开挖切削土体、输送土碴、拼装隧道衬砌、测量导向纠偏等功能，而且要按照不同的地质进行"量体裁衣"式的设计制造，可靠性要求极高，广泛应用于地铁、铁路、公路、市政、水电等隧道工程。

三、盾构机的种类

盾构的分类较多，可按盾构切削面的形状、盾构自身构造的特征、尺寸的大小、功能、挖掘土体的方式、掘削面的挡土形式、稳定掘削面的加压方式、施工方法、适用土质的状况等多种方式分类。下面按照盾构组合命名分类进行阐述。

（一）全敞开式盾构机

全敞开式盾构机的特点是掘削面敞露，故挖掘状态是干态状，所以出土效率高，适用于掘削面稳定性好的地层。对于自稳定性差的冲积地层应辅以压气、降水、注浆加固等措施。

1. 手掘式盾构机

手掘式盾构机即手工掘削盾构机的前面是敞开的，所以盾构的顶部装有防止掘削面顶端坍塌的活动前檐和使其伸缩的千斤顶。掘削面上每隔 2～3m 设有一道工作平台，即分割间隔为 2～3m。另外，在支撑环柱上安装有正面支撑千斤顶。掘削面从上往下，掘削时按顺序调换正面支撑千斤顶，掘削下来的沙土从下部通过皮带传输机输给出土台车。掘削工具多为鹤嘴锄、风镐、铁锹等。

2. 半机械式盾构机

半机械式盾构机是在人工式盾构机的基础上安装掘土机械和出土装置，以代替人工作业。掘土装置有铲斗、掘削头及两者兼备三种形式。具体装备形式为：①铲斗、掘削头等装置设在掘削面的下部；②铲斗装在掘削面的上半部，掘削头在下半部；③掘削头装在掘削面的中心；④铲斗装在掘削面的中心。

3. 机械式盾构机

前部装有旋转刀盘，故掘削能力大增。掘削下来的砂土由装在掘削刀盘上的旋转铲斗，经过斜槽送到输送机。由于掘削和排土连续进行，故工期缩短，作业人员减少。

（二）部分开放式盾构机

即挤压式盾构机，其构造简单、造价低。挤压盾构适用于流塑性高、无自立性的软黏土层和粉砂层。

1. 半挤压式盾构机（局部挤压式盾构机）

在盾构的前端用胸板封闭以挡住土体，使其不致发生地层坍塌和水土涌入盾构内部的危险。盾构向前推进时，胸板挤压土层，土体从胸板上的局部开口处挤入盾构内，因此可不必开挖，使掘进效率提高，劳动条件改善。

2. 全挤压式盾构机

在特殊条件下，可将胸板全部封闭而不开口放土，构成全挤压式盾构。

3. 网格式盾构机

在挤压式盾构的基础上加以改进，可形成一种胸板为网格的网格式盾构，其构造是在盾构切口环的前端设置网格梁，与隔板组成许多小格子的胸板；借土的凝聚力，用网格胸板对开挖面土体起支撑作用。当盾构推进时，土体克服网格阻力从网格内挤入，把土体切成许多条状土块，在网格的后面设有提土转盘，将土块提升到盾构中心的刮板运输机上并运出盾构，然后装箱外运。

（三）封闭式盾构机

1. 泥水式盾构机

泥水式盾构机是通过加压泥水或泥浆（通常为膨润土悬浮液）来稳定开挖面，其刀盘后面有一个密封隔板，与开挖面之间形成泥水室，里面充满了泥浆，开挖土料与泥浆混合由泥浆泵输送到洞外分离厂，经分离后泥浆重复使用。

2. 土压式盾构机

土压式盾构机是把土料（必要时添加泡沫等对土壤进行改良）作为稳定开挖面的介质，刀盘后隔板与开挖面之间形成泥土室，刀盘旋转开挖使泥土料增加，再由螺旋输料器旋转将土料运出，泥土室内土压可由刀盘旋转开挖速度和螺旋输出料器出土量（旋转速度）进行调节。它又可细分为削土加压盾构、加水土压盾构、加泥土压盾构和复合土压盾构。

四、盾构掘进施工

盾构掘进由始发工作井始发到隧道贯通、盾构机进入到达工作井，一般经过始发、初始掘进、转换、正常掘进和到达掘进 5 个阶段。在正常推进中，盾构的掘进施工控制管理十分重要，其主要内容是掘进控制，包括掘进速度的控制和盾构机的姿态控制。

盾构掘进控制的目的是确保开挖面稳定的同时，构筑隧道结构、维持隧道线形、及早填充盾尾空隙。因此，开挖控制、一次衬砌、线形控制和注浆构成了盾构掘进控制"四要素"。施工前必须根据地质条件、隧道条件、环境条件和设计条件等，在试验的基础上，确定具体控制内容与参数，见表 7-1。

表 7-1　　　　　　　　　　盾构掘进控制内容

控制要素		内　容	
开挖	土压式	开挖面稳定	土压、塑流化改良
		排土量	排土量
		盾构参数	总推力、推进速度、刀盘扭矩千斤顶压力等
	泥水式	开挖面稳定	泥水压、泥浆性能
		排土量	排土量

续表

控制要素	内　　容		
线形	盾构机姿态、位置	倾角、方向、旋转	
^	^	铰接角度、超挖量、蛇形量	
注浆	注浆状况	注浆量、注浆压力	
^	注浆材料	稠度、泌水、凝胶时间、强度、配比	
一次衬砌	管片拼装	真圆度、螺栓紧固扭矩	
^	防水	漏水、密封条压缩量不足、裂缝	
^	隧道中心位置	蛇形量、直角度	

（一）土压平衡盾构机的掘进控制

盾构前端刀盘切削下来的土体在土仓内通过加泥系统对充满土仓的切削土进行改良，使其具有良好的塑流性。通过可控制转速的螺旋输送机控制土仓的出土量，使土仓的改良土保持一定的压力，使之与开挖面的土压力保持动态平衡，以达到控制地面沉降的目的。

土压平衡式盾构掘进控制主要是开挖控制，以土压和塑流性改良控制为主，辅以排土量和盾构参数控制。

1. 土压控制

开挖面的土压控制值，按"静水压+土压+预备压"设定。预备压用来补偿施工中的压力损失，通常取 10~20kPa。一般沿隧道轴线每隔适当距离，根据土质条件和施工条件设定土仓压力值。为使开挖面稳定，土压变动要小。

土仓压力值 P 应能与地层土压力 P_0 和静水压力相抗衡，在地层掘进过程中根据地质和埋深情况以及地表沉降监测数据进行反馈和调整优化。土压力一般通过装置在密封土仓内的土压计检测读出。土仓压力主要通过维持开挖土量与排土量的平衡来实现，可通过设定掘进速度、调整排土量或设定排土量、调整掘进速度来实现。

2. 排土量控制

单位掘进循环（一般按一环管片宽度为一个掘进循环）开挖土量 Q，一般按开挖面面积与掘进循环长度的乘积计算。使用超挖刀时应计算超挖量。

土压平衡盾构排土量控制方法分为重量控制和容积控制两种。重量控制有检测运土车重量（土压盾构一般采用轨道运输）、用计量漏斗检测排土量等方法。容积控制一般采用比较单位掘进距离开挖土砂运土车台数的方法和根据螺旋输送机转数推算的方法。我国目前多采用容积控制方法。

土压与排土量相互依存，施工中以土压力为控制目标，通过实测土压力值 P 与设定的土压力值相比较，依此压力差进行相应的排土量管理。实测土压力值 P 小于设定的土压力值时，应降低螺旋输送机转速或提高推进速度；反之，应提高螺旋输送机的转速或降低推进速度。当通过调节螺旋输送机的转速仍不能达到理想的出土状态时，可以通过改良渣土的塑流性状态来调整。

3. 塑流化改良控制

土压平衡盾构掘进时，理想的土层特性是：塑性变形好、流塑至软塑状、内摩擦小、渗透性低。细颗粒含量低于30％的土砂层或砂卵石地层，必须加泥或泡沫等改良材料，以提高塑性流动性和止水性。

改良材料必须只有流动性、易与开挖土砂混合、不离析、无污染等特性。一般使用的改良材料有矿物系（如膨润土泥浆）、界面活性剂系（如泡沫）、高吸水性树脂系和水溶性高分子系四类，可单独或组合使用。我国目前常用前两类。

土仓内土砂的塑性流动性，一般可从排土的黏稠性状（根据经验）、输送效率（按螺旋输送机转速计算的排土量与按盾构推进速度计算的排土量进行比较）、盾构机械负荷变化情况等方面进行判断。

（二）泥水平衡盾构机的掘进控制

泥水平衡式盾构开挖控制，以泥水压和泥浆性能控制为主，辅以排土量控制。

1. 泥水压控制

泥水盾构工法是将泥膜作为媒体，由泥水压力来平衡土体压力。在泥水平衡理论中，泥膜的形成至关重要，当泥水压力大于地下水压力时，泥水按达西定律渗入土壤，形成与土壤间隙成一定比例的悬浮颗粒，被捕获并积聚于土壤与泥水的接触表面，泥膜就此形成。随着时间的推移，泥膜的厚度不断增加，渗透抵抗力逐渐增强。当泥膜抵抗力远大于正面土压时，产生泥水平衡效果。

开挖面的泥水压控制值一般按"地下水压（间隙水压）＋土压＋附加压"设定，附加压通常取 $20\sim50kN/m^2$。

2. 泥浆性能控制

在泥水盾构法施工中，泥水起着两方面的重要作用：一是依靠泥水压力在开挖面形成泥膜或渗透区域，开挖面土体强度提高，同时泥水压力平衡了开挖面土压和水压，达到了开挖面稳定的目的；二是泥水作为输送介质，担负着将所挖出的土砂运送到地面的任务。因此，泥水性能控制是泥水式盾构施工的最重要要素之一。

泥水性能主要包括比重、黏度、pH值、过滤特性和含砂率，这些参数需现场检测。

3. 排土量控制

泥水盾构排土控制方法有容积控制与干砂量控制两种。

（1）容积控制法。

$$Q_3=Q_2-Q_1 \quad (7-2)$$

式中　Q_3——排土体积，m^3；

　　　Q_2——单位掘进循环排泥流量，m^3；

　　　Q_1——单位掘进循环送泥流量，m^3。

当开挖土计算体积 $Q>Q_3$ 时，一般表示泥浆流失（泥浆或泥浆中的水渗入土体）；$Q<Q_3$ 时，一般表示涌水（由于泥水压力低，地下水流入）。正常掘进时，泥浆流失现象居多。

（2）干砂量控制法。干砂量表征土体或泥浆中土颗粒的体积，开挖土干砂量 V 可按下式计算：

$$V=\frac{100Q}{\omega G+100} \quad (7-3)$$

式中　　V——开挖土干砂量，m^3；

Q——开挖土计算体积，m^3；

G——土颗粒密度；

ω——土体的含水量，%。

控制方法是检测单位掘进循环送泥干砂量 V_1 和排泥干砂量 V_2，按下式计算排土干砂量 V_3：

$$V_3 = V_2 - V_1 = \frac{(G_2-1)Q_2 - (G_1-1)Q_1}{G_1-1} \tag{7-4}$$

式中　　V_2——单位掘进循环排泥干砂量，m^3；

V_1——单位掘进循环送泥干砂量，m^3；

G_2——排泥密度；

G_1——送泥密度。

当 $V > V_3$ 时，一般表示泥浆流失；$V < V_3$ 时，一般表示超挖。

（三）盾构机姿态控制

盾构的姿态包括推进的方向和自身的扭转。盾构姿态控制的关键在于盾构姿态的施工测量。姿态测量包括平面偏离测量和高程偏离测量。姿态测量的频率视工程的进度、线路和现场施工情况灵活掌握，理论上每10环测一次。

1. 盾构偏向的原因

（1）地质条件的因素。由于地层土质不均匀，以及地层有卵石或其他障碍物，造成正面及四周的阻力不一致，从而导致盾构在推进中偏向。

（2）机械设备的因素。如各千斤顶工作不同步，由于加工精度误差造成伸出阻力不一致，盾构外壳形状误差，设备在盾构内安置偏重于某一侧，千斤顶安装后轴线不平行等。

（3）施工操作的因素。如部分千斤顶使用频率过高，导致衬砌环缝的防水材料压密量不一致，挤压式盾构推进时有明显上浮；盾构下部土体有过量流失；管片拼装质量不佳等。

2. 盾构偏向的治理方法

（1）调整不同千斤顶的编组。盾构在土层中向前受到土的阻力与千斤顶顶力的合力位置不在一条直线上时，会形成力偶，导致盾构偏向。调整不同千斤顶的编组，可组成一个有利于纠偏的力偶，调整盾构的姿态，从而调整其高程位置及平面位置。在用千斤顶编组施工时应注意：①千斤顶的只数应尽量多，以减少对已完成隧道管片的施工应力；②管片纵缝处的骑缝千斤顶一定要用，以保证成环管片的环面平整；③纠偏数值不得超过操作规程的规定值。

（2）调整千斤顶区域油压。目前多数盾构将千斤顶分为上、下、左、右4个区域，每一区域为一个油压系统。油压调整，起到调整千斤顶合力位置的作用，使其合力与作用于盾构上阻力的合力形成一个有利于控制盾构轴线的力偶。

（3）控制盾构的纵坡。纵坡控制的目的主要是调整盾构高程，还可调整盾构与已成管片端面间的间隙，以减少下一环拼装施工的困难。控制纵坡的方法：

1）变坡法。在每一环推进施工中，用不同的盾构推进坡度进行施工，最终达到预先指定的纵坡。在变坡法推进中，可根据管片与盾构相对位置（以盾构不卡管片为原则），采用先抬后压或先压后抬的措施；也可用逐渐增坡或减坡的方法。

2）稳坡法。盾构每推一环用一个纵坡，以符合纠坡要求，但要做到稳坡，具有相当高的技术难度，用这种方法盾构在推进中对地层扰动最小。

(4) 调整开挖面阻力。当利用盾构千斤顶编组或区域油压调整无法达到纠偏目的时，可调整开挖面阻力，也就是人为地改变阻力的合力位置，从而得到一个理想的纠偏力偶，来达到控制盾构轴线的目的。这种方法纠偏效果较好，但各种不同的盾构形式有不同的方法，敞开式挖土盾构可采用超挖；挤压式盾构可调整其进土孔位置和扩大进土孔。

3. 盾构机的自转

由于土质的不均匀、过度纠偏、刀盘的单向旋转、盾构的制作及安装误差等，盾构机在推进过程中会发生自转现象。自转量较小时，可用改变机内举重臂、转盘、大刀盘等大型旋转设备旋转方向的方法来调控；自转量较大时，则采用压重的方法，使其形成旋转力偶来纠正。

(四) 壁后注浆

向衬砌壁后注浆是盾构法施工的一个必不可少的工序，尤其是在地面有密集建筑物的地区修建隧道时，它不仅是一道非常重要的工序，而且一定要做好这道工序。

1. 注浆目的

向衬砌壁后注浆目的有：①防止地表变形，盾构向前推进时，脱出盾尾的衬砌与土层之间就会形成一环形空隙，若不用合适的材料及时填充这些空隙，土层就会发生变形，致使地表沉降，注浆是防止地表变形的有效措施；②注浆可及时充填隧道底板下的空隙，防止或减少管片的沉降，从而可保证成形隧道轴线的质量；③形成有效的防水层，增加衬砌接缝的防水性能；④注浆后浆体附在衬砌圆环的外周，改善了衬砌的受力状况；⑤可用注浆的压力来调整管片与盾构的相对位置，有利于盾构推进纠偏。

2. 注浆方式

壁后注浆按与盾构推进的时间和注浆目的不同，可分为一次注浆、二次注浆和堵水注浆。

(1) 一次注浆。一次注浆分为同步注浆、即时注浆和后方注浆，要根据地质条件、盾构直径、环境条件、开挖断面的制约、盾尾构造等充分研究确定。

同步注浆是在盾构向前推进、盾尾空隙形成的同时进行注浆、充填，分为从设在盾构的注浆管注入和从管片注浆孔注入两种方式，前者如图 7-6 所示。从管片注浆孔注入时，又称为半同步注浆。一般盾构直径较大，在冲积黏性土和砂质土中掘进多采用同步注浆。

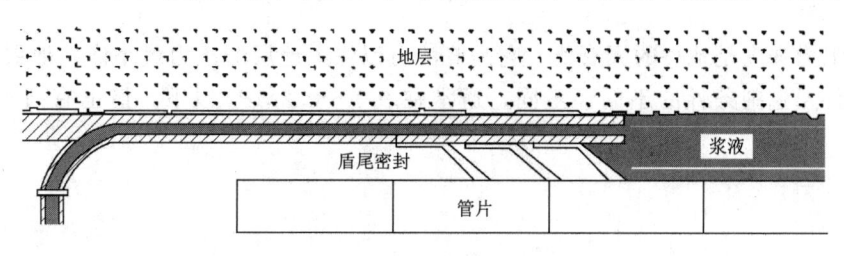

图 7-6 同步注浆系统示意图

当一环掘进结束后从管片注浆孔注入时为即时注浆，掘进数环后从管片注浆孔注入时称为后方注浆，后方注浆适用于自稳性较好的地层中。

（2）二次注浆。二次注浆是在同步注浆结束以后，通过管片吊装孔对管片背后进行补强注浆，以提高同步注浆的效果，提高管片背后土体的密实度。尤其是在同步注浆后地表沉降依旧很大，或已拼装成形管片有渗水现象时，二次注浆就显得尤为重要。

（3）堵水注浆。为提高管片背后注浆层的防水性及密实度，在富水地区考虑前期注浆受地下水影响以及浆液固结率的影响，必要时在二次注浆结束后再进行堵水注浆。

3. 注浆材料

因壁后注浆浆液的选择受地层条件、盾构机类型、施工条件、价格等因素影响，故应在掌握浆液特性的基础上，按实际条件选用最合适的浆液。作为注浆的材料，应具备以下性质：流动性好；注入时不离析；具有均匀的高于地层土压的早期强度；良好的填充性；注入后体积收缩小；阻水性高；有适当的黏性，以防止从盾尾密封泥浆或向开挖面回流；不污染环境。

通常使用的注浆材料有水泥单液浆和水泥-水玻璃双液浆。由于水泥的水化反应非常缓慢，单液浆凝结时间长、不宜控制；双液浆根据水玻璃浓度、水泥浆浓度、水玻璃与水泥浆体积比等情况，凝胶时间可控。使用双液浆时，应注意对注浆管的清洗，否则会发生堵管现象。

不论选用何种浆液，浆液配比一定要在施工前通过试验确定。施工过程中再根据地表沉降、地层和地下水变化等因素做适当的调整，切不可一成不变。

4. 注浆控制

注浆控制分为注浆量控制和压力控制两种。压力控制是保持设定压力不变、注浆量变化的方法；注浆量控制是注浆量一定、压力变化的方法。一般仅采用一种控制方法都不充分，应同时进行压力和注浆量控制。

（1）注浆量。注浆量除受浆液向地层渗透和泄漏外，还受曲线掘进、超挖和浆液种类等因素影响，不能准确确定。一般来说，使用双液型浆液时，注入量多为理论空隙量的150%～200%，也有少量超过250%的情况。施工中如发现注入量持续增多，必须检查超挖、漏失等因素；注入量低于预订量时，可能是浆液配比、注入时期、注入地点、注入机械不当或出现故障所致，必须认真检查并采取相应的措施。

（2）注浆压力。壁后注浆必须以一定的压力压送浆液才能使浆液很好地遍及于管片的外侧，其压力大小大致等于地层阻力强度加上 0.1～0.2MPa，一般为 0.2～0.4MPa。与先期注入的压力相比，后期注入的压力要比先期注入的大 0.05～0.1MPa，并以此作为压力控制的标准。

地层阻力强度是地层的固有值，它是浆液可以注入地层的压力最小值。地层阻力强度因土层条件及掘削条件的不同而不同，通常在 0.1～0.2MPa 以下，但也有高到 0.4MPa 的情形。

参 考 文 献

[1] 冯乃谦,（日）笠井芳夫,等. 清水混凝土 [M]. 北京：机械工业出版社,2011.
[2] 顾勇新. 清水混凝土工程施工技术及工艺 [M]. 北京：中国建筑工业出版社,2006.
[3] 黄昌利. 清水混凝土施工技术研究 [D]. 重庆：重庆大学,2008.
[4] 李强. 清水混凝土在工程中的应用与施工新方法研究 [D]. 郑州：华北水利水电大学,2007.
[5] 中华人民共和国住房和城乡建设部. JGJ 169—2009 清水混凝土应用技术规程 [S]. 北京：中国建筑工业出版社,2009.
[6] 国家能源局. DL/T 5306—2013 水电水利工程清水混凝土施工规范 [S]. 北京：中国电力出版社,2014.
[7] 张云国. 自密实轻骨料混凝土性能研究 [D]. 大连：大连理工大学,2009.
[8] 中华人民共和国住房和城乡建设部. JGJ/T 283—2012, 自密实混凝土应用技术规程 [S]. 北京：中国建筑工业出版社,2012.
[9] 顾志刚,张东成,罗红卫. 碾压混凝土坝施工技术 [M]. 北京：中国电力出版社,2007.
[10] 姜国辉,王永明. 水利工程施工 [M]. 北京：中国水利水电出版社,2013.
[11] 中华人民共和国国家能源局. DL/T 5112—2009 水工碾压混凝土施工规范 [S]. 北京：中国电力出版社,2010.
[12] 中华人民共和国水利部. SL 678—2014 胶结颗粒料筑坝技术导则 [S]. 北京：中国水利水电出版社,2014.
[13] 冯炜. 胶凝砂砾石坝筑坝材料特性研究与工程应用 [D]. 北京：中国水利水电科学研究院,2013.
[14] 李维科. 尼尔基水利枢纽主坝碾压式沥青混凝土心墙施工技术 [M]. 北京：中国水利水电出版社,2005.
[15] 王德库,金正浩. 土石坝沥青混凝土防渗心墙施工技术 [M]. 北京：中国水利水电出版社,2005.
[16] 中华人民共和国国家发展和改革委员会. DL/T 5363—2006 水工碾压式沥青混凝土施工规范 [S]. 北京：中国电力出版社,2006.
[17] 国家能源局. DL/T 5258—2010 土石坝浇筑式沥青混凝土防渗墙施工技术规范 [S]. 北京：中国电力出版社,2010.
[18] 王明森,等. 高压喷射灌浆防渗加固技术 [M]. 北京：中国水利水电出版社,2010.
[19] 中华人民共和国国家发展和改革委员会. DL/T 5200—2004 水电水利工程高压喷射灌浆技术规范 [S]. 北京：中国电力出版社,2004.
[20] 杜士斌,揣连成. 开敞式 TBM 的应用 [M]. 北京：中国水利水电出版社,2011.
[21] 姜玉松. 地下工程施工 [M]. 重庆：重庆大学出版社,2014.